Mr. Know All

从这里，发现更宽广的世界……

Mr. Know All

小书虫读科学

Mr. Know All

十万个为什么

火山喷出了什么

《指尖上的探索》编委会 组织编写

小书虫读科学

THE BIG BOOK OF TELL ME WHY

作家出版社

策划出品 悦读名品 **图片服务** 悦读名品 123RF

在这个世界上，不是所有的山脉都“岿然不动”。有这样一些“神奇”的山脉，一旦喷发，火光四射，灼热的岩浆汹涌而出！这就是火山！本书针对青少年读者设计，图文并茂地介绍了火山知多少、火山在哪里、火山什么样、火山喷出了什么、有哪些著名的火山、火山与我们六部分内容。火山喷出了什么？阅读本书，读者或将自己探索出答案。

图书在版编目（CIP）数据

火山喷出了什么 /《指尖上的探索》编委会编. --北京：作家出版社，2015. 11
（小书虫读科学 . 十万个为什么）
ISBN 978-7-5063-8507-7

Ⅰ. ①火… Ⅱ. ①指… Ⅲ. ①火山—青少年读物 Ⅳ. ①P317-49

中国版本图书馆CIP数据核字（2015）第278765号

火山喷出了什么

作　　者 《指尖上的探索》编委会
责任编辑 王　炘
装帧设计 北京高高国际文化传媒
出版发行 作家出版社
社　　址 北京农展馆南里10 号　　**邮　　编** 100125
电话传真 86-10-65930756（出版发行部）
86-10-65004079（总编室）
86-10-65015116（邮购部）
E-mail:zuojia@zuojia.net.cn
http://www.haozuojia.com（作家在线）
印　　刷 北京时捷印刷有限公司
成品尺寸 163×210
字　　数 170千
印　　张 10.5
版　　次 2016 年1月第1版
印　　次 2016 年1月第1次印刷
ISBN 978-7-5063-8507-7
定　　价 29.80元

Mr. Know All

指尖上的探索 编委会

第一章　火山知多少

第二章　火山在哪里

第三章　火山什么样

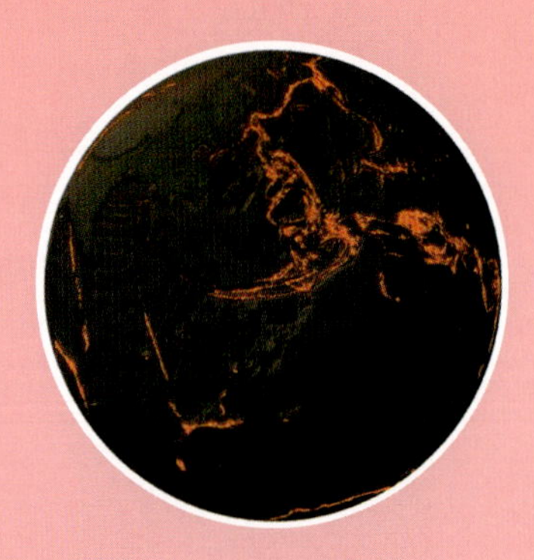

第六章　我们与火山

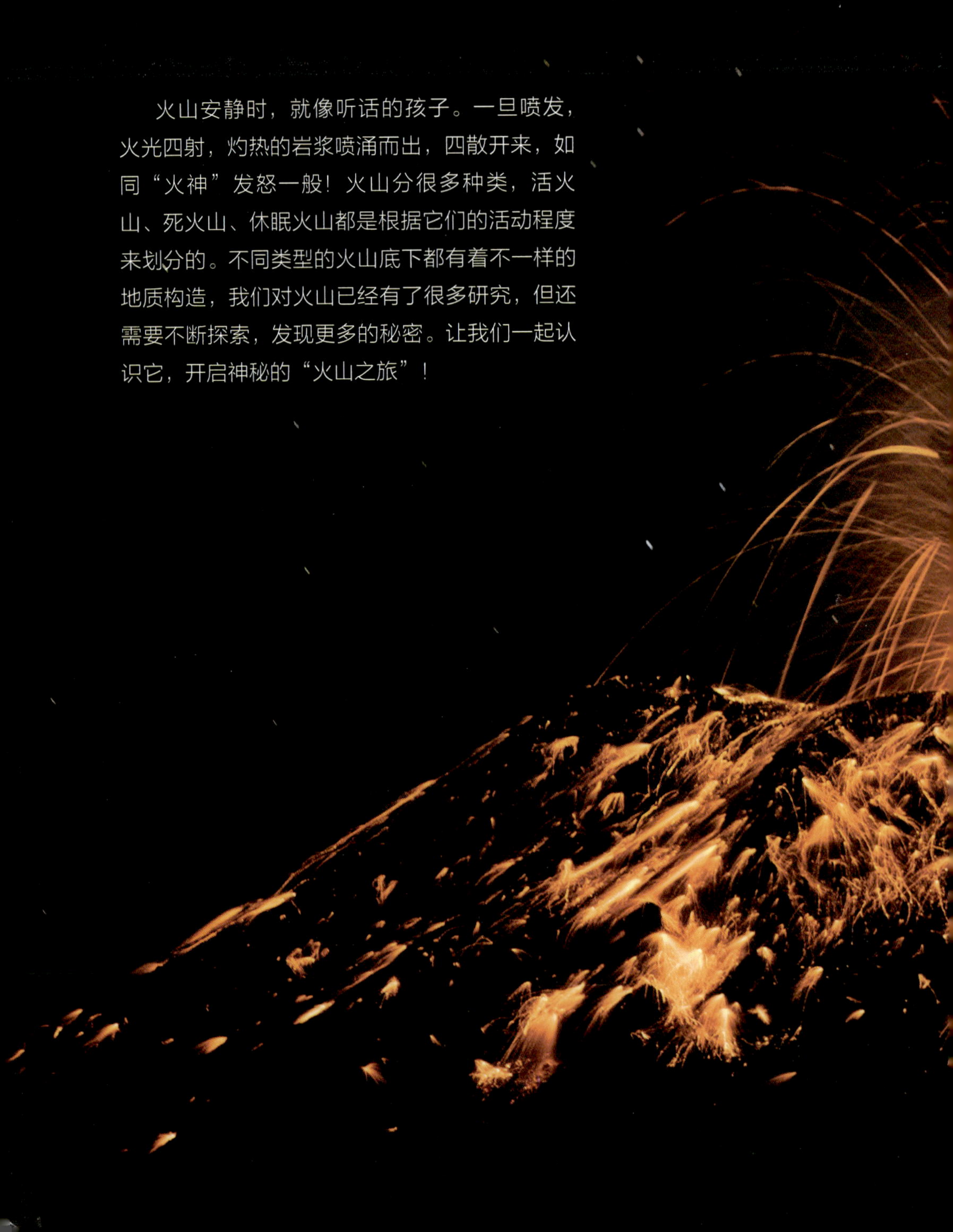

火山安静时，就像听话的孩子。一旦喷发，火光四射，灼热的岩浆喷涌而出，四散开来，如同“火神”发怒一般！火山分很多种类，活火山、死火山、休眠火山都是根据它们的活动程度来划分的。不同类型的火山底下都有着不一样的地质构造，我们对火山已经有了很多研究，但还需要不断探索，发现更多的秘密。让我们一起认识它，开启神秘的“火山之旅”！

第一章 火山知多少

1. 什么是火山

你有没有亲眼见过火山？瞬间烟雾腾空而起，向四周弥漫开来，连太阳的光辉都被遮挡，这是活火山喷发时的壮观景象。不过，也有一些火山很长一段时期都没有任何反应，这样的火山是死火山或者休眠火山。那么，到底什么是火山呢？

地球的地壳之下 100 ～ 150 千米处，有一个“液态区”。这个液态区内充满着岩浆，一旦岩浆从地壳薄弱的地段冲出地表，就形成了火山。火山的形成有三个基本要素：第一，有岩浆；第二，岩浆喷出地表；第三，在地表形成地质体。当然，一些正在喷发或者会再次喷发的火山被称为活火山。还有一些火山在史前曾经喷发过，现在已经丧失了喷发的能力，这一类是死火山。而长期以来一直静止，但是还有喷发能力的火山则是休眠火山。

假如地球是个生命体，那么岩浆就是它的血液，火山就是它的鼻孔。火山是地球生命的象征，是地球力量的体现。

2. 火山是怎样形成的

火山就像是地球的“鼻孔”，地球需要呼吸，所以一定会有“血液”从“鼻孔”中喷出，你们知道这个“鼻孔”是怎么形成的吗？

我们都知道，地表之下，越深的地方温度就越高，“地心”的温度是极其高的。地表之下 30 多千米处的高温足以使岩石熔化。当这些岩石熔化时，就会膨胀，会需要更大的空间，此时，一些地区的地表就会相应地隆起，形成山脉。逐渐隆起的山脉底下的空间压力变小，有可能形成储存大量岩浆的岩浆库。岩浆顺着裂缝逐渐上升，当岩浆库里的压力大于地表岩石的压力时，大量的岩浆就会向上喷发，这样，一座富有生命力的火山就形成啦！

这样看来，火山是不是很像地球的“鼻孔”呢？岩浆就是它的血液，从鼻孔中喷发而出。火山的形成是日积月累的结果，而且也是有一定条件的。火山的喷发正是地球顽强生命力的体现，是地球充满活力的象征。

3. 你知道火山分为哪几类吗

火山并没有那么“神奇”，它按照不同的性质也可以分为很多种类。

按照活动情况，火山可以分为活火山、死火山和休眠火山三类。这三种火山之间没有明显的界限，休眠火山也可以“苏醒”，死火山也可以重新“复活”，活火山也可以“休眠”或者“死亡”，三者并不是固定不变的，而是会相互转换的。一旦休眠火山或者死火山突然“复活”，就会给周围的人们带来灾难，很有可能是灭顶之灾。

按照岩浆的通道，火山喷发可以分为裂隙式喷发、熔透式喷发和中心式喷发三类。裂隙式喷发又称冰岛型火山喷发，这类喷发温和安静，只会产生一小部分碎屑和气体。熔透式喷发形成了分布广泛的火山岩，火山口都不明显。这类火山喷发的时候，有时岩浆会上升停留在中途，还没熔化顶部的岩层就冷凝下来，它会在地面隆起，形成一个“小山丘”，这种火山也称为“潜火山”或“地下火山”。一些学者认为，远古时代地壳较薄，所以地下岩浆的热力较大，很容易形成熔透式喷发，但是到了现代，地壳变厚，这种喷发形式已不存在。中心式喷发根据喷出物和活动强弱又可以分为很多种，有夏威夷型、斯特朗博利型、乌尔坎诺型、培雷型、普里尼型、超乌尔坎诺型和蒸汽喷发型七种。

火山根据不同的情况可以分为不同的类型，这是科学家们长久科研、探讨的结果。

4.“活火山”是正在喷火的山吗

“活火山”是不是像字面理解的那样，意为正在喷发的火山呢？

在词典里，活火山是指现在依旧活跃的火山，也就是正在喷发或者周期性喷发的火山。通常来说，只有活火山才会喷发。正在喷发和预计将要再次喷发的火山，可以称为活火山。那些将来可能再次喷发的休眠火山也可称为活火山。当火山下面仍然存在活动的岩浆系统或岩浆房时，它就是座具有喷发危险性的活火山，应该放在火山监测系统中密切监视。

当然，对于一座火山是否是活火山，并没有一个明确的标准来判定，尤其有些火山的活动周期可能长达数百万年，所以人类记载中的火山活动对于火山种类的判断意义不大。

现今，许多活火山正处于活动的旺盛时期。21 世纪以来，印度尼西亚爪哇岛上的默拉皮火山，平均每隔两三年就会有一个持续的喷发期。中国的活火山活动以台湾岛大屯火山群的主峰七星山最为出名。就大陆范围内来说，新疆于田的卡尔达西火山群在 6 年前有过火山喷发的记录。

5. 世界上最大的活火山在哪里

世界上有很多著名的活火山，主要集中在四大火山地。你想知道最大的活火山在哪里吗？

目前世界上最大的活火山是夏威夷海岛上的冒纳罗亚火山，它有着4205米的海拔高度，是夏威夷的最高峰。然而，火山的底部却在海平面以下5182米处。同时，它也是世界上最大的火山，拥有世界上最高的天文台。冒纳罗亚火山顶常常云雾缭绕、忽隐忽现、若即若离。这里有茂密的热带雨林，其间生活着蝙蝠、大鹰、乌鸦等动物。

冒纳罗亚火山大约每隔3～4年就会喷发一次，火山本身就是由熔岩流层层堆积形成的。过去的200年间，此火山大约喷发过35次。直到现在，山顶上还有一些锅状的火山口和大型破火山口。1959年11月的喷发，持续一个月之久，喷发出的岩浆比纽约帝国大厦还要高！1984年3月，冒纳罗亚火山再次喷发，奇异、壮观的景色，受到了世界各地游客的青睐。

夏威夷当地居民中流传着这样的说法，火神佩莉被海神姐姐赶走后，就把夏威夷火山当成了自己的家，而我们看到的火山喷发，据说就是火神佩莉突发脾气的表现。

6. “死火山”是死掉的火山吗

“活火山”对于你来说已不陌生，那“死火山”到底是什么样的火山呢？难道“死火山”死掉了，就永远都不会喷发吗？

死火山是指史前曾经喷发过，但在人类有记载的历史中从来没有喷发过的火山。死火山长期不喷发，几乎已经丧失了喷发的能力，有的被风化侵蚀，剩下的只是残缺不全的部分，而有的却仍然保持着原先的形态。

死火山的分布十分广泛，非洲东部的乞力马扎罗山和中国山西大同火山群等都是死火山，山西大同火山群在 50 平方千米的范围内，存在两个独立的火山锥，其中之一的狼窝山火山锥达 120 米高。

不过，死火山也不是真正的“死”，地壳运动、地下岩浆的反复流动，都可能导致死火山“复活”，变成活火山！死火山中，岩浆、碎屑等喷出物在很短的时间内从火山口喷出地表，岩浆中存在大量的挥发成分，再加上岩层的压力，这些挥发成分很容易在岩浆中溶解，没办法溢出来。但是当岩浆上升得越来越高，靠近地表时，压力减小，岩浆中的挥发成分就会很快地释放出来，这样，死火山就喷发了。

所以，不要以为死火山就是死了，再也不会喷发了。要知道，死火山也有危险性，说不定哪一天它可能会“复活”，变成活火山！

7.世界上最高的死火山是哪座

死火山一般情况下暂时不会喷发，你知道世界上最高的死火山在哪里吗?

阿根廷境内的阿空加瓜山是世界上最高的死火山，有着“美洲巨人”的绰号。“阿空加瓜”在瓦皮族语中是“巨人瞭望台”的意思。阿空加瓜山海拔 6959 米，同时也是西半球和南半球的最高峰。山峰位于安第斯山脉北部，西面一直延伸到智利圣地亚哥以北的海岸低地。

阿空加瓜山的峰顶比较平坦，堆积着安山岩层。山峰东侧与南侧的雪线有 4500 米高，冰雪有 90 米厚，有很多现代冰川。山顶西侧降水稀少，终年无积雪。山麓地区分布着温泉，附近还有很多自然奇观，是个十足的旅游胜地。卡诺塔纪念墙是阿空加瓜山最著名的历史遗迹，何塞·德·圣马丁（南美西班牙殖民地独立战争的领袖之一）当年就是从这里开启他的解放智利之旅的!

死火山中通常会有很多金矿，人们认为世界上大多数金矿是在史前时代的火山喷发中形成的。

8. “休眠火山”是睡着的火山吗

休眠火山表面看来，是“睡着的火山”，但它真的是睡着了吗？

休眠火山是指有记录以来，曾经喷发过，但是很长一段时期都处于静止状态，但仍然有可能喷发的火山。休眠火山保留着较为完好的形态，仍具备活动能力。它就像是座沉睡中的火山，逐渐远离地壳移动地带，火山活动也暂时停止。不过一旦它再次进入地壳移动地带，就有可能再次喷发。所以，休眠火山跟活火山之间并没有明确的界限。

中国长白山天池，曾在 1327 年和 1658 年两度喷发，在这之前也有过很多次活动，但是目前并没有活动，不过会有高温气体从神秘的气孔中喷出。它正处于休眠状态，是座“睡着了偶尔打个呼噜”的火山。日本的最高峰富士山是世界上较大的活火山之一，以前曾被列于休眠火山的行列，但是现在地质学家把它列为活火山。

实际上，火山并不存在真正意义上的休眠，有些休眠火山会以非同寻常的速度苏醒！例如菲律宾皮纳图博火山，仅仅 20 天的时间就重新焕发生机，而非人们设想的漫长的 500 年。

活火山、死火山和休眠火山之间是可以相互转换的。所以，千万不要以为活火山会一直喷发下去，也不要以为休眠火山和死火山不会喷发哦！

9. 世界上最年轻的火山是哪座

世界上大约有2500多座火山，你知道“最年轻”的火山是哪座吗?

世界上最年轻的火山是位于墨西哥米却肯州西部的帕里库廷火山，距离墨西哥城320千米。火山的名字源于附近的帕里库廷村，被称为“世界七大自然奇观”之一!

1943 年之前，并没有帕里库廷火山。1943 年 2 月 20 日，当地的一位村民发现玉米地里突然出现了个大洞，洞中很快就涌出岩浆，喷出火山灰。一天之内形成 50 米高的火山锥，一个星期内达到 100 米。过后，火山灰掩埋了附近的两个村庄。一年间，火山锥就高达 336 米，覆盖的区域达 25 平方千米。一直到 1952 年 3 月 4 日，帕里库廷火山在不断喷涌了 9 年之后停止了活动，最终高度为 457 米，海拔高度 3170 米。

帕里库廷火山从无到有，引起了很多人的关注。很多学者、艺术家、记者兴奋地赶到那里，一睹这世间罕见的地理奇观。如今，帕里库廷火山已经成为墨西哥最具盛名、最激动人心的地理景象之一，成为墨西哥画坛流行的元素，吸引了很多游客!

10. 火山喷出来的是什么

火山喷发时，释放出巨大的能量，有许多物质随之喷涌而出。你知道火山喷出物都有什么吗？

火山喷出物是指火山喷发时从地底下喷发出来的物质，包括火山气体、固体的岩石碎屑和熔岩。在一次火山喷发中，以上三种物质不一定全部出现。一般情况下，会出现三种情况：火山喷发猛烈时，会产生很多碎屑，并有很少的熔岩流出；火山喷发温和时，有很多熔岩流出，碎屑会比较少；火山喷发只喷出气体，没有熔岩流出。火山喷发通常三种情况都有，或者兼有其中两种。

以上三种是最基本的喷发物。当然，除了这些，还会有很多，例如火山弹、熔岩饼、火山砾、火山渣等。岩浆喷射到高空中冷却凝固后，落下并形成球形或椭球形的火山弹。火山渣是从火山口抛射到高空中的高温熔岩，一般有大量的气孔，放在水里能漂浮起来。

这些都是火山喷发时喷出的物质，琳琅满目的喷发物为火山增添了不少姿色，其中很多物质都会成为一种奇特的景观。

11. 岩浆是什么

我们都知道火山喷发的时候会喷发出岩浆，你了解岩浆到底是什么东西吗？

岩浆是地壳下面含有硅酸盐和挥发成分的高温熔融物质，位于地表以下的岩浆房中。岩浆是一种高温硅酸盐溶液，是各种火成岩形成前的状态，有时它会侵入附近的地壳岩石，有时它会冒出地表。岩浆一般由熔化形成的液体、从液体中结晶的矿物、捕虏体和包裹体以及岩浆中溶解的气体这几部分组成。岩浆有超基性岩浆、基性岩浆、中性岩浆和酸性岩浆四类。从地表冒出的岩浆，就像刚煮沸的钢水，炽热且火红。岩浆的温度一般都在 900 ～ 1200 摄氏度，最高的可达到 1300 摄氏度。在艳阳高照、万里无云的时候，人们可以通过岩浆的颜色来分辨它们的温度。因为岩浆的温度和颜色是有关系的，最“热”的岩浆是白色的，它们的温度大于等于 1150 摄氏度，最“冷”的则呈隐约可见的红色，大于等于 475 摄氏度。

岩浆一旦喷发而出就变成“熔岩”啦！

12. “火山岩”有什么特点

火山岩是火山喷发后形成的多孔形石材，十分珍贵。

火山岩是石材行业的佼佼者，它自身得天独厚的优势是其他材料所不能比拟的。首先，跟其他石材相比，火山岩性能十分优越，它自身独特的风格和特殊的功能，是其他天然石材所没有的。例如玄武岩石材，具有低放射性的特点，这一特点让它十分安全地供人类使用。

另外，火山岩具有抗风化、经久耐用和耐各种气候的优点。而且它吸声降噪，古朴自然，有益于改善听觉和视觉环境。火山岩不但吸水、防滑，还可以阻热，有独特的“呼吸”功能，可调节空气湿度，改善生态环境。所有这些优点，可以满足人们在建筑装修上的追求。

火山岩质地坚硬，可以用来生产优质的超薄型石板材，将表面精磨后，可以达到 85 度以上的光泽度。其大方典雅，色泽纯正，广泛用于各种建筑外墙装饰，深受人们的喜爱。

最后，火山岩有极好的耐磨损、抗腐蚀性能，让它在众多石材面前，又胜一筹。它可以替代有害的石棉、金属材料和玻璃制品，但能继续保持玻璃、金属等材料的优点。火山岩与金属相比，耐腐蚀、重量轻、寿命长。

13. 现今地球上已经发现多少火山

世界上有各种各样的火山，你知道现今地球上已经发现多少火山了吗？

人们已经在地球上发现2000座死火山、523座活火山，其中有455座在陆地上，68座在海底。这些火山在地球上的分布是不均匀的，多分布在地壳的断裂带上。世界上的火山主要分布在印度尼西亚向北经缅甸、喜马拉雅山、中亚、西亚到地中海一带和环太平洋一带。现今喷发的活火山，有99%都处于这两个地带上。

世界上最大的火山区是冰岛的蓝湖，由于地热这里有冰岛最大的温泉，许多游客慕名前来。日本的阿苏山具有世界上最大的破火山口，也是世界上唯一可以观看到火山口的火山，火山口周围充满着各种熔岩，这是一个别具一格、充满生机的地方！

世界上的火山各具特色，各具魅力！

14. 火山是地球上特有的吗

如今，地球上已经发现了2500多座火山，火山是地球上特有的吗？其他星球上会不会有火山呢？

火山当然不是地球的特权，其他星球上也会有火山。火山在金星表面的形成过程中扮演了十分重要的角色，5亿年前金星上剧烈的火山喷发形成了如今的地表形态。不过，现在金星上是否还有活跃着的活火山就不得而知了。火星上有许多大大小小、形态各异的火山，阿尔西亚山、奥林匹斯火山等都是科学家们的重要研究对象。而木星的卫星木卫一艾奥则是太阳系中火山活动最剧烈的星球，它喷发的剧烈程度难以想象，足以改变艾奥自身的整个地形地貌。地球的好伙伴月球上并没有火山，不过科学家发现了许多火山活动的遗迹和特征，月海、月谷和拱丘等都能证明很久以前月球上曾经有过火山，但是现在却烟消云散。

金星、火星、木卫一艾奥等星体上都有火山的存在，虽然有的已是死火山，但曾经也为星球地貌的形成做出过贡献。火山并不是地球上特有的。

15. 太阳系中火山活动最剧烈的是哪个星体

太阳系中的火山，有的已经是死火山，有的却仍然在不停地喷发，你知道太阳系中火山活动最剧烈的是哪个星体吗？

太阳系中火山活动最剧烈的星体是木星的卫星木卫一艾奥！它与木星、木卫二以及木卫三之间的潮汐力作用，使得其扭动、弯曲，并产生巨大能量。艾奥上的火山喷出的二氧化硫、硅酸盐岩石和硫黄，能改变整个艾奥的地貌。火山喷出物可以喷射到很高的地方，离表面可达 300 千米以上，在喷发出的一瞬间，速度可达 1000 米 / 秒。就目前情况来看，艾奥上的火山喷出的岩浆是最热的，大概有 1500 摄氏度！艾奥表面大量的破火山口、硫湖，以及连绵不断的火山山脉为这个星球增添了些许光辉。

太阳系中有史以来最大的一次火山爆发于 2001 年 2 月发生在艾奥。通过对木卫一进行电脑模拟实验，我们发现木卫一的火山所喷出的熔岩能熔化星球表面的钠、钾、硅及铁等物质和化合物，并蒸发到大气中。木卫一中的大气就是由这些气态的物质与火山喷出的气体发生反应而形成的！

木卫一艾奥的喷发要比地球上的所有火山都强烈百倍，它是太阳系中火山活动最剧烈的星球！

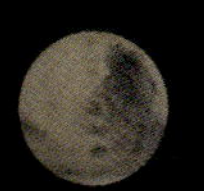

火山一直是地质科学家们的研究对象。地球上火山的分布有规律吗？它们是“群居”还是“独居”呢？海里也会有火山吗？海里的火山和陆地上的火山有什么区别？它们又有什么联系呢？这些疑问都会在书中一一找到答案的！“火山之旅”，让我们一起继续探索吧！

第二章 火山在哪里

16.什么是火山带

地球上有这么多火山，它们都分布在哪里？有没有一定的规律呢？

地球上火山的分布是有一定规律的，它们绝大多数分布在火山带上。火山带是火山活动的区域，呈带状分布。火山带往往处于地壳断裂带、新构造运动强烈带或板块构造边缘软弱带。

地质学家们根据地球上火山分布的规律划分出了四大火山带，分别是：环太平洋火山带、大洋中脊火山带、东非大裂谷火山带和地中海－喜马拉雅火山带。环太平洋火山带位于太平洋板块构造边缘软弱带；大洋中脊火山带所在之处则属于海底新构造运动强烈带，后两个火山带都处于地壳断裂带。在这些火山带上，密集地分布有数十上百座活火山，火山活动相对较为频繁。比如，环太平洋火山带，就包含 512 座活火山，火山活动频繁，全球现代喷发的火山这里占了 80%。

这就是火山带，但是，并不是所有火山都分布这些火山带上，一些大陆板块内部分也会有火山哟！

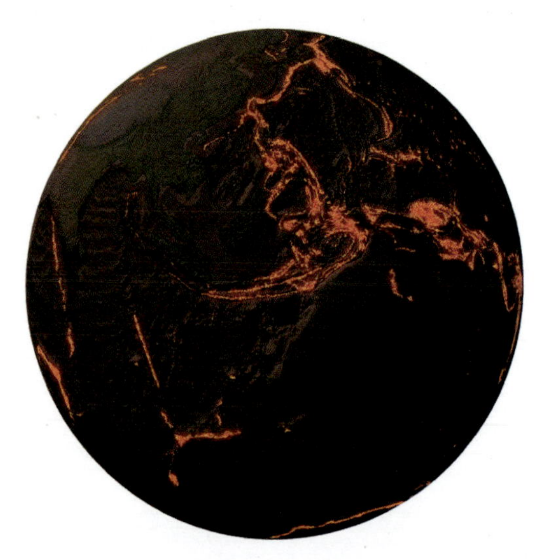

17. 地球上主要的火山带有哪些

环太平洋火山带、大洋中脊火山带、东非大裂谷火山带和地中海–喜马拉雅火山带是全球的四大火山带。

环太平洋火山带，又被称为环太平洋带、环太平洋地震带或火环，呈向南开口的马蹄状，全长 4 万千米。环太平洋火山带上板块运动十分剧烈，有一连串的列岛、火山和海沟。它南起南美洲的科迪勒拉山脉，转向西北的阿留申群岛和勘察加半岛，向西南延伸到千岛群岛、菲律宾群岛以及印度尼西亚群岛。

东非大裂谷火山带，是非洲板块地壳运动的结果。这个火山带上火山活动十分频繁，一些地质学家预测在今后的几百万年中，东非可能会分裂成两个不同的板块。

大洋中脊火山带，在全球呈“W”形分布，包括大西洋、太平洋和印度洋三大洋的大洋中脊，总长 8 万千米。大洋中脊上火山分布不均，大部分都位于大西洋大洋中脊，约有 60 多座，而太平洋与印度洋中洋脊的火山相对较少。

地中海–喜马拉雅火山带，西起比利牛斯山，一直延伸到喜马拉雅山，全长约 10 万千米，横贯欧亚大陆。该火山带西段的火山活动频繁且极富特色，出现了许多世界著名的火山。中段的火山活动微弱；而在东段，喜马拉雅山北麓的火山活动又加剧了。

18. 环太平洋火山带有哪些著名的火山

环太平洋火山带是环绕太平洋的一个环形的火山喷发频发地区。它的最南端是南美洲的奥斯特岛，途经科迪勒拉山脉、堪察加半岛，向西南延伸到日本列岛、印度尼西亚群岛等，全长共4万多千米。

在环太平洋火山带中，位于南美洲的安第斯山南段有30多座活火山，北段有16座活火山，中段的尤耶亚科火山海拔6723米，是世界上最高的活火山。一直向北走，是加勒比海地区，这里分布着伊拉苏火山和圣阿纳火山等多座火山。北美洲的部分有90多座活火山，著名的圣海伦斯火山和雷尼尔火山就在这里。在亚洲部分，很多耳熟能详的火山都分布在日本列岛，如十胜岳、阿苏山和三原山都是喷发过很多次的活火山。琉球群岛至中国台湾岛一段有众多的火山岛屿，如赤尾屿、钓鱼岛、七星岩和火烧岛等，都是新生代以来逐渐形成的。在环太平洋火山带上，火山活动最活跃的应该是菲律宾至印度尼西亚群岛的火山，如喀拉喀托火山、皮纳图博火山和培雷火山等，这些火山近代曾发生过多次喷发。

这就是环太平洋火山带上的一些著名火山，数量众多，该火山带上分布了全球80%的活火山。

19. 大洋中脊火山带有哪些著名的火山

大洋中脊火山带的火山沿着大洋中脊分布，呈“W”形，你知道在这个“W”上都有些什么火山吗？

大洋中脊火山带的火山分布也不均匀，多集中于大西洋裂谷，北起格陵兰岛，经过冰岛、亚速尔群岛，最终到达佛得角群岛，全段长达万余千米。不过因为这些火山多是海底火山，所以人们不容易发现。大西洋中脊有60多座活火山。冰岛是大西洋中脊露出洋面的一个部分。冰岛上的火山我们可以直接观察到，岛上的200多座火山中有30多座都是活火山。因此，人们称冰岛为火山岛。

海克拉火山位于冰岛西南部是大洋中脊火山带上著名的活火山，它从1104年开始共有过20多次大喷发。冰岛南部的拉基火山1783年的那次喷发让人们为之震撼，从裂缝里溢出的熔岩达到12千米以上，熔岩流覆盖了565平方千米的土地，造成的损失不可估量。1963年，冰岛南部海域的火山长达4年的喷发产生了一个新的岛屿——苏特塞火山岛。苏特塞火山岛面积大约为2.8平方千米，高出海面150米。随之，该岛东北部的海迈岛火山，又开始了一次大喷发。

大洋中脊火山带的火山规模都很大，喷发次数也很多！它们背后还有很多有趣的故事！

20. 东非大裂谷火山带有哪些著名的火山

你听说过东非大裂谷吗？在大裂谷沿线及周边分布着许多火山，那里有着美丽的景色，那你知道这里都有哪些火山吗？

东非大裂谷是大陆上最大的裂谷带，它有两个分支，东支南起希雷河河口，向北至红海北端，再往北与西亚的约旦河谷相接；西支南起马拉维湖西北端，一直到阿伯特尼罗河谷。这一火山带上共有 30 多座活火山，比较著名的有乞力马扎罗火山和尼拉贡戈火山等。

东非大裂谷有三个火山活动中心。第一个是乌干达 – 卢旺达 – 扎伊尔边界的西裂谷系，从 1912 至 1977 年，就喷发了 13 次，著名的尼拉贡戈火山一直处于活动频繁时期；第二个是坦桑尼亚格高雷裂谷上的伦盖火山，从 1954 至 1966 年，也喷发过很多次，喷发出的碳酸盐岩类，在世界范围内都十分罕见；第三个是埃塞俄比亚的埃尔塔阿勒火山和阿夫代拉火山，从 1960 至 1977 年，有过很多次喷发。

21. 地中海-喜马拉雅火山带有哪些著名的火山

环太平洋火山带、大洋中脊火山带、东非大裂谷火山带和地中海–喜马拉雅火山带是地球四大火山带。其中，地中海–喜马拉雅火山带是四大火山带中唯一纬向分布的火山带，分布有许多著名的火山。

地中海–喜马拉雅火山带主要分布在亚欧大陆上。它从印度尼西亚开始，经过中南半岛和中国的云南、贵州、四川、青海、西藏地区，再经过印度、巴基斯坦等国一直延伸到地中海北岸，再到亚速尔群岛。由于受到南北挤压力的作用，地中海–喜马拉雅火山带西段的部分在形成纬向构造隆起带的同时，也形成了经向张裂和裂谷带。西段的火山分布不均，活动频繁且极富特色。西段的岩性属于钙碱性，以安山岩和玄武岩为主。这一段有几座著名火山，如意大利的维苏威火山、埃特纳火山和斯特朗博利火山等。中段火山活动微弱，而东段喜马拉雅山北麓的火山活动又加剧了。在地块边缘和隆起部分分布着若干火山群，包括卡尔达西火山群 、涌波错火山群、可可西里火山群和腾冲火山群等。20 世纪 50 年代、70 年代，中国的可可西里火山和卡尔达西火山分别喷发过。

每座火山带都有自己的特征，有的是环形分布，有的是“W”形分布，有的是裂谷分布，还有的是纬向分布。它们各具特色，你在了解这些火山带的时候，一定要记清楚它们各自的特征哦！

22. 火山只存在于陆地上吗

火山不只存在于陆地上，海里也有火山。

海底火山是位于大洋底部或浅水的火山，也有死火山和活火山之分。海底火山分布相当广泛，火山喷发出的熔岩通常会被海水急速冷却，形状如同挤出的牙膏一般。不过，它虽然表面冷却，但内部却还保持着高温。海底火山分为三类，分别为边缘火山、洋盆火山和洋脊火山，它们在岩性、地理分布和成因上都有明显差异。绝大部分海底火山位于大洋中脊与大洋边缘的岛弧处。

海底火山喷发时，如果水较浅且水的压力不大，那就有可能产生非常壮观的爆炸。这种爆炸性的海底火山爆发时，会产生大量气体，主要是二氧化碳、水蒸气和一些挥发性物质，以及大量火山碎屑和炽热的熔岩。它们抛射到空中后，冷凝为火山灰、火山弹、火山碎屑。地中海就是一个鲜明的例子，它的火山岛就是借助海底火山喷发出的火山灰形成的。

23. 世界上最大的海底火山是哪座

世界上有这么多海底火山，你知道最大的海底火山是哪座吗？

世界上最大的海底火山是位于印度尼西亚苏拉威西岛的卡维奥巴拉特海底火山。2010 年 6 月，印度尼西亚和美国的科学家组成的探险小组曾对卡维奥巴拉特海底火山进行了全面的勘测。

勘测结果显示卡维奥巴拉特海底火山的高度约为 3500 米，比印度尼西亚的陆地上的火山都高很多。它默默地矗立在深达 5400 米的深海盆地上，高高地耸立着。据探险小组的科学家介绍，该火山山顶覆盖着新鲜的火山碎屑沉淀物，山坡光滑而陡峭。这都说明它是一座喷发相当频繁的活火山而且近期喷发过。

通过遥控技术和声呐技术，科学家们对卡维奥巴拉特海底火山周边的海水和深海物种进行了观测。科学家们分析发现，火山热液喷口喷涌出的海水中富含了大量的矿物质；在拍摄的视频和照片中，科学家们看到了一些白色的海洋生物，如白色的海蟹，还有以火山热液喷口附近的绒毛状蓝白色细菌为食的白色龙虾。这些资料陆续被传送给地面的科学小组成员，用来分析辨别这些生物的类别。这些生物共同的白色也引起了科学家们的思考。

24. 苏尔特塞岛是怎么形成的

你知道北大西洋冰岛的苏尔特塞岛是怎么形成的吗?

苏尔特塞岛是由海底火山喷发而形成的！1963年11月，北大西洋冰岛南部的一处海底火山突然喷发，数百米高的火山灰和水汽柱喷涌而出。一天一夜之后，人们发现一个小岛从海里长了出来，高约40米，长约550米。尽管海浪将堆积在小岛附近的火山灰和泡沫石等物质冲走，但火山的不停喷发让它越长越高，越长越大！一年过后，新生的火山岛已有170米高、1700米长了，它就是苏尔特塞岛。两年之后的8月19日，这座火山再次喷发，直到1967年5月5日才逐渐停止。在这期间，苏尔特塞岛也在飞速成长，每昼夜竟能增加约4000平方米的面积！

海底火山的喷发，再加上海浪的冲击就形成了苏尔特塞岛！这是个美丽的小岛，风景独特，很适合旅游观光！

25. 中国的火山主要分布在哪里

火山分布都是有规律的，那你知道中国的火山主要分布在哪里吗？

中国的火山主要分布在内蒙古、晋冀二省北部、东北地区、藏北高原、华北平原、雷州半岛、海南岛、云南腾冲和台湾等地。中国的这些火山大部分属于环太平洋火山带的大陆边缘火山，是喜马拉雅山运动的产物。

东北地区共有 34 个火山群，其中有 640 多座火山，是新生代火山最多的地区。火山主要分布在大兴安岭、长白山、东北平原以及松辽分水岭，分布的密度相对较大。这些火山的活动范围比较广泛，喷发的次数也比较多，喷发时较为剧烈。内蒙古高原也是晚新生代火山喷发较频繁地区。海南岛北部与雷州半岛也有很多火山，这里的熔岩地貌与强烈的新构造运动有着密切的关系。腾冲火山群火山活动频繁，地震繁多，以其丰富的地热资源闻名于世。藏北高原北部地壳活动十分强烈，留下了多期火山活动遗迹。地处环太平洋火山带内的台湾岛有澎湖列岛等著名火山岛。太行山东麓、南京附近都有很多著名的火山群。

中国有非常多的火山群，都是喜马拉雅山运动的产物。你要是有机会，可以去这些火山区看看，欣赏一下火山的独特景色！

我们已经了解到，火山的分布很广泛，而且都有一定的规律。你知道火山都由什么组成吗？它的构造会不会也很奇特呢？它的外形都是什么样的呢？是层状的、盾状的，还是山丘状的？不要着急，马上就介绍火山的构造以及它的外形了。从火山口到火山锥、岩浆通道，每一部分都有各自的独特之处。让我们继续“火山之旅”，一起来了解火山吧！

第三章
火山什么样

26. 火山由哪几部分组成

整个火山是个庞大的“组织”，从地下岩浆的储备到喷发，每个过程都有特定的形成物或者通道。你了解火山的构成吗？

火山由三部分组成，即火山口、火山锥和岩浆通道。火山口，顾名思义，就是火山喷发时的出口。火山顶上圆圆的、看起来像只“碗”的洼地就是火山口，它在希腊文中的意思就是“碗”。不过，“漏斗”似乎更适合用来形容它。这个“漏斗”和一个长长的岩浆通道连接在一起，火山喷发时，岩浆便经由岩浆通道从“漏斗”处冲了出来。

火山喷出物在喷出口周围堆积形成的山丘是火山锥。由于喷出物的性质、数量以及喷发方式都不同，所以火山锥具有很多种形态，而圆锥状则是最标准的火山锥形象。

岩浆从岩浆库穿过地下岩层经火山口喷出地表的通道是岩浆通道，有时，人们也会更贴切地叫它“火山喉管”。岩浆通道的形状有很多，这与火山喷发的类型有关。

火山的构造由三部分组成，它们是火山喷发时岩浆等喷出物的必经路途。

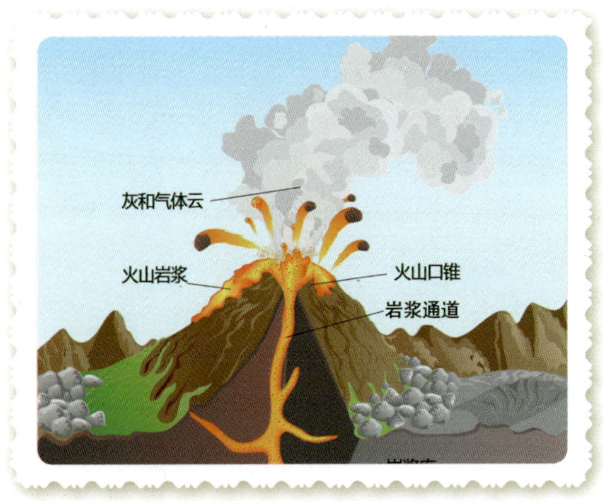

27.“火山口”是什么样的

火山口是火山构造的重要组成部分，那火山口就是通向火山的入口吗？

火山喷出物在喷出口周围堆积，形成了一个环形坑，这个坑就是火山口。火山口位于火山锥顶端，上大下小，呈漏斗状。如果没有火山锥，它则位于地面，称为负火山口。火山口深浅不一，直径由数米至 1000 米。但火山刚喷发时，火山口底部的直径一般不超过 300 米，只比岩浆通道大一点。

火山口并不是一开始就是这样的，例如墨西哥的帕里库廷火山，它位于一片庄稼之上，刚开始活动时，也只有一个几厘米宽的裂缝。可将近 3 小时后，裂缝逐渐加宽，开始猛烈喷发。喷出的碎屑和熔岩不断堆积，形成几百米高的锥形山峰，山峰顶端就是一个火山口。不过，火山口会因为雨水冲刷等原因被破坏。

世界上有很多著名的火山口，例如团山子火山口、涠洲岛火山口、毛里求斯火山口等。那里蓝天、白云、岩石交相辉映，美不胜收！它们不仅是人们认识自然的理想去处，也为地球物理和地震研究提供了宝贵资料。

28.“岩浆通道”就像火山的喉管吗

岩浆通道就是岩浆从岩浆库穿过地下岩层经过火山口流出地面的通道，它就像火山的喉管一样！

岩浆通道的形状与火山喷发的类型有关。中心式喷发的火山有一个主要通道，圆而铅直，我们称它火山筒或火山管。有许多无固定形状的分支与这个通道相连，它们有的通向地面，有的消失在地下。裂隙式喷发的通道呈长条状或不规则形。火山喷出物就是从这个通道喷涌向地表的，通道中未喷出的、残余的岩浆，冷凝后成为岩石，凝结在岩浆通道中。火山角砾岩筒就是指通过固态岩石的垂直管道或火山颈中，有着各种各样的角砾状岩石。它是含丰富气体且温度较低的侵入物穿透地壳而形成的。

岩浆通道就是火山的“喉管”，岩浆只有通过它，才能喷发而出，和大地见面。通道的作用就像一部单行电梯，运输着想要到达顶端的物质！

29.“最完美的圆锥体”是指哪座火山

火山锥是火山构成的重要部分，你知道最完美、最漂亮的火山锥是属于哪座火山的吗？

位于菲律宾吕宋岛东南部的马荣火山拥有近乎完美的圆锥形山体，号称“最完美的圆锥体”！它是世界上轮廓最完整的火山，是菲律宾著名的旅游景点，人们经常将它与富士山相提并论。近年来，马荣火山几近喷发，菲律宾政府及时疏散居民，不过这反而吸引了更多的火山爱好者！

马荣火山是一个活跃的层状火山，多次喷发出的火山灰和熔岩造就了完美对称的圆锥体！马荣火山的第一次喷发是 1616 年。400 年来，对于马荣火山喷发所带来的威胁，当地居民早已习惯。它最具毁灭性的一次喷发是在 1814 年，熔岩流将一座城镇掩埋，1200 多人在此次喷发中丧生。后来，马荣火山还于 1993 年喷发过一次，导致 79 人死亡。

“最完美的圆锥体”再加上喷发时的壮观景象，马荣火山吸引了众多游客和摄影爱好者的驻足。

30. 什么是“寄生火山锥”

有的火山上会有几个火山锥交错在一起，这是怎么回事呢？

原来，比较新的那个火山锥叫作寄生火山锥。寄生火山锥是指附着在大火山锥上的小火山锥，或者说是附着在老火山锥上的新火山锥，又称为侧火山锥。寄生火山锥可分为熔岩寄生锥和碎屑寄生锥等。

寄生火山锥多由熔岩穹丘或碎屑锥构成，它的物质成分与母火山锥相似。一个很大的复合锥上或许会有很多寄生火山锥，例如意大利埃特纳火山上有 200 多个寄生火山锥，它们沿着辐射状裂隙排列。日本富士山有 60 个寄生火山锥，以主火山为中心，呈放射状排列在主火山的周围。寄生火山锥有可能是以中心口为通道，岩浆从这里喷出，以侵入岩脉群的形式升到地表，此时地表上的地点就是寄生火山锥的小火口。

31. “火山颈”是火山的“脖子”吗

你知道“火山颈”是什么吗？它是火山的“脖子”吗？

火山颈可不是火山的脖子！火山颈是整个火山大部分都被破坏之后幸存的部分，由死火山岩浆通道中固结得很好的火山碎屑岩或熔岩组成，是一种孤立的、近于环形的、塔状的小丘或山脉。它高达四五百米，直径小于1千米，岩墙脊可延伸到几千米远。一个较大的火山颈四周通常环绕着几个小火山颈，它们来自于原来火山的寄生锥。

美国新墨西哥州、犹他州和怀俄明州，以及法国、苏格兰等很多地方都有火山颈。新墨西哥舰崖是最著名的火山颈，高约 450 米，它的一个岩墙脊比房屋都要高出几十米，还会向远处延伸数千米。怀俄明州代维尔塔一般被认为是一个熔岩颈，塔高 300 多米，以长而优美的柱状节理闻名于世。

火山颈是个孤立的山丘，是火山的残余部分，它并不是火山的“脖子”，你可千万别弄错啦！

32. 火山的外形主要有哪些

火山看起来各有不同，它们彼此有许多不一样的外形特点，每种外形都是在不同环境下形成的。

从外形来看，火山分为层状火山、盾状火山、火山穹丘、火山渣锥等几个主要类型。层状火山外观很美，拥有对称的锥形，很多层状火山都是旅游观光圣地。盾状火山顶面宽阔，侧翼平缓，整体看起来很像盾牌的形状。火山穹丘呈圆顶状突起，就像植物的球根一样，位于火山口内或火山的侧翼。火山渣锥是火成岩屑或火山渣在火山口周围堆积而形成的山丘。

当然，除了这些最基本的外形，还有破火山口、低平火山口、熔岩台地、熔岩平原、火山沟等。熔岩台地又叫作熔岩高原，是具有高流动性的岩浆从一大群裂缝中渗透而出形成的。如果火山喷发影响的区域较为平坦，那么，这片区域叫作熔岩平原，它的形成原因跟熔岩台地相似。地表下的岩浆空虚，上方的地块就会向下发生断层，形成的宽沟叫作火山沟。

33.“复合型火山”是什么样的

复合型火山是众多火山种类的一种，又叫作层状火山，那复合型火山到底是什么样的?

复合型火山是多次喷发造成的，复发周期有可能是几百年，也有可能是几十万年。复合型火山大多由安山岩构成，当然也有例外。安山岩复合型火山锥虽然比较高，但是当有岩浆侵入时，锥体内部会因破裂而形成岩墙，很多碎石堆积在一起，这样的构造比单独由碎屑物构成的火山锥更高。

在过去的一万年中，地球上已经有大约1511座火山喷发，其中约有699座都是复合型火山。地球上最高的火山智利的奥霍斯－德尔萨拉多火山也是复合型火山，高约6887米。历史上喷发过的最高的火山高约6739米，也属于北智利安第斯山脉。圣海伦斯火山是最年轻的复合型火山，同时也是最活跃的，地质学家识别出它在过去的3500年中，喷出的火山灰多达35层!

复合型火山是多次喷发积累形成的，科学家们甚至发现很多层的火山灰，或者其他喷出物。看来，它真的是“一层一层”的呢!

34.“盾状火山”像盾牌吗

盾状火山也是一种火山类型，它具有宽广缓和的斜坡，底部较大，整体看起来就如同一个“盾牌”！

盾状火山由玄武岩岩浆构成，黏滞性较低，流动性高，分布范围广，山形也很广阔。一层层的岩流，流到火山周围，就形成了盾状火山。盾状火山大部分在海洋中，最著名的就是夏威夷群岛。该群岛由 5 个火山连接而成，每一个都是一座巨大的盾状火山。美国加利福尼亚州北部和俄勒冈的众多盾状火山，高 457 ~ 610 米。

盾状火山不仅存在于地球上，在太阳系其他行星和卫星上也存在。火星上的奥林帕斯山是太阳系中已知的最高的盾状火山！火山底部直径达 600 千米，底部面积比英国国土面积还要大！高度超过 27 千米，平均高度 22 千米，是地球上珠穆朗玛峰高度的 3 倍！

盾状火山外形十分有趣，石头表面很坚硬，景观十分别致。

35. “火山穹丘”是个小丘吗

火山穹丘是高黏度的熔岩堵塞火山口而形成的穹隆状火山锥，这种火山锥有的像小丘，有的像馒头，形状各异！

火山穹丘大多分布在火山侧面的喷火口上或者原有的火山口内。岩浆从下部涌入火山丘的内部，使其膨胀起来形成穹丘。不过由于熔岩性质的不同，所以火山穹丘的形态各具特色。根据形态和结构可以将火山穹丘分为五类：火口塞、培雷型穹丘、火山柱、外成穹丘和侵入穹丘。

火山活动进入晚期阶段的标志就是出现火山穹丘。穹丘的生长速度十分快，有的在一天之内就可以上升 25 米。如果穹丘在陡峭的山坡上，那它的成长有可能因为重心不稳而发生山崩或火山碎屑流。组成穹丘的熔岩大多为安山岩、英安岩和粗面岩。如果玄武岩浆的温度和含气量都达到一定条件，也可以形成穹丘。

火山穹丘看起来就像一些植物的球根，有它的地方一般看不见火山口，因为很多穹丘就在火山口内，它们遮挡了人们的视线。

36.“火山渣锥”是什么

每次火山喷发之后，都会留下一个“小山丘”，你知道这个“小山丘”是什么吗？

火山口周围由火山喷出物堆积而成的山丘，叫作火山渣锥。火山渣锥是由火山渣等碎屑构成的，高度从几十米到数百米都有，而且大部分火山渣锥顶部，都有一个漏斗状的火山口。当火山渣锥不活跃时，岩浆中的气泡会逐渐消失，岩浆就会停止喷发，此时火山渣锥会因为构造松散，没有办法承受剧烈的喷发。逐渐稠密的岩浆从松散的火山渣锥底部渗出，形成熔岩流。停止渗出时，火山渣锥就如同湖中的小岛一般。火山渣锥一般出现在层状火山、盾状火山和破火山口的两侧。地质学家们在夏威夷盾状火山莫纳克亚山的两翼，就发现了将近 100 座火山渣锥。

尼加拉瓜的塞罗内格罗是拉斯皮拉斯火山西北四组年轻的火山渣锥之一，也是地球上最活跃的火山渣锥。从 1850 年首次喷发以来，共喷发了 20 多次，而 1995 年至 1999 年间喷发得最为频繁。

火山渣锥就像是火山繁衍出来的“孩子”，遍布在火山周围，有的很高，有的则很低，有的十分活跃，有的却很沉默！

37. “破火山口”一定很破吗

你知道“破火山口”吗？很多人都以为破火山口就是周围很破的火山口，真的是这样吗？

当然不是啦，火山顶部的较大的圆形凹陷就是破火山口，它的直径通常大于 1.6 千米。它是浅部岩浆囊喷发或者岩浆回撤、火山自身塌陷时形成的。按照形成原因来看，破火山口可分为三类，即沉降式破火山口、复合式破火山口和喷发式破火山口。沉降式破火山口是因沉降形成的破火山口，喷发式破火山口是因喷发造成的破火山口，而复合式破火山口当然就是喷发后沉降所产生的破火山口。

日本九州岛上的阿苏火山上，存在着世界上最大的破火山口，它略呈椭圆形，南北长 24 千米，东西宽 18 千米，面积 250 平方千米。这个破火山口是不是十分巨大呢？这个破火山口内有 10 多个喷火口，形成了中央火口丘群，其中以高岳、根子岳、乌帽子岳、中岳和杵岛岳最有名，它们被称为“阿苏五岳”。

亚洲有很多著名的破火山口，其中日本居多，其次是印度尼西亚的。中国境内也有一个有名的破火山口，那就是长白山破火山口。长白山天池景色独特，犹如“人间仙境”。

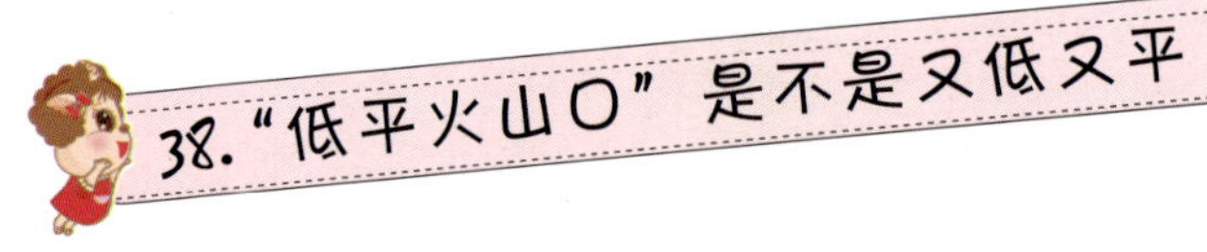

38."低平火山口"是不是又低又平

低平火山口也是一种火山口的类型，如同字面意思一样，它的确很低，但是并不平整哦！

岩浆和水汽相互作用发生爆炸就形成了低平火山口。低平火山口又叫作“玛珥”，也就是海的意思，是德国莱茵地区的人们对湖泊的称呼。直到1921年德国科学家才将“玛珥”定义为一种火山口类型。

低平火山口的构造有这么几个特点：一是火山喷出物主要由火山碎屑岩和团岩碎屑组成。二是火山口初始形状一般是圆形或近圆形，不过随着时间的推移，外部不断侵蚀，内部不断地被填充，所以深度逐渐变浅，火山口径逐渐增大。三是火山口是封闭的，极易积水成湖，被称作“玛珥湖”。

位于广东省湛江市区西南18千米处，有中国唯一在火山口形成的玛珥湖——湖光岩。湖光岩的总面积达4.7平方千米，水面面积是2.3平方千米，湖水深20多米。湖光岩是15万年前火山喷发后，火山口的“漏斗”积水成湖形成的，湖底的火山灰沉积物有420米高，它为研究新构造运动提供了十分有利的依据。

现在，湖光岩已经是中国国家重点风景名胜区、国家地质公园和世界地质公园！

39. “泥火山” 会喷出泥巴吗

有一种很奇特的火山叫作泥火山，你知道什么是泥火山吗？泥火山，顾名思义就是由泥构成的火山。泥火山的“泥”来源于它的组成物质，主要是黏土、岩屑、盐粉等。说它是火山，却又不像人们通常说的火山那样喷发出的是岩浆且有岩浆通道。泥火山是由泥浆构成的，没有岩浆通道。不过，泥火山也有普通火山的特点，例如形状像山、有喷出口、有喷发冒火现象等。泥火山是泥浆与气体同时喷出地面后，泥浆堆积而成的，外形多是盆穴状或锥状，顶部有凹陷。

泥火山喷出的气体中甲烷约占 20%，还有少量的二氧化碳或氮。但是中国台湾嘉义中仑浊水潭的泥火山比较特别，它喷发的气体以二氧化碳为主，而非甲烷。在板块边缘经常出现泥火山。泥火山也有可能是天然气喷出后形成的产物，所以可以据此寻找油气田。

现在明白了吧，泥火山基本上是由泥构成的，喷出的都是泥浆和各种气体，它与普通的火山有着很大的差别！

40. “火山渣”是火山喷发之后的渣子吗

火山口的周围总是有许多深色的、形状不规则的气孔“石头”，这些东西到底是什么呢?

原来，它们叫作“火山渣”！火山渣是指火山喷出的炉渣状火山砾。充满空气的岩浆喷出后，在低压的环境中，被岩浆溶解的空气要离开岩浆，这时就产生了气泡，它们被冷却成固态的岩浆困住，就成为了有很多气孔的火山渣。火山渣一般呈黑色、暗褐色，气孔常常为不规则状、长圆形或圆形，气孔直径由数毫米至 10 厘米不等。火山渣多出现在火山锥上，堆积成山，山顶为火山口，新西兰奥克兰的威灵顿山就是一个典型代表。还有一种火山渣是泥火山爆发时产生的，加热了的泥堆积会形成火山渣锥。

利用火山渣可以方便地了解火山喷发的情况，这也是研究火山的重要依据。

41. 火山口湖是什么样的

火山口湖是美国最深的湖，你知道它是什么样的吗？

位于俄勒冈州西南部、喀斯喀特山脉南段的火山口湖直径有10千米，面积为54平方千米，清澈透亮的湖水在阳光的映衬下显得尤其美丽。古火山锥马扎马火山喷发后形成了破火山口，经长久的风化、积水，形成了火山口湖。由于火山还在不停喷发，新形成的火山锥会逐渐露出水面，变成一个小型的火山岛，高出水面200多米的威扎德岛就是这样来的。火山口湖周围是150～600米高的陡峭岩壁，火山岩经过长期的风化，已经形成了各种形状，有的像可爱的小兔子，有的像憨厚的小熊猫。这里也有茂密的树林，夏日漫山遍野的野花覆盖着整个草地，这百鸟争鸣的世界使人犹如进入到原始森林，让人流连忘返，猫头鹰、鹿、熊等野生动物也来嬉闹，湖中还有一些珍奇可爱的小鱼，1902年被批准为国家公园。

这就是美国著名的火山口湖，来到这里，你会感觉像进入仙境一般，可以远离尘世的喧嚣，静心感受大自然的独特。

想知道火山喷发有哪些阶段和形式吗？火山喷发的时候还会有什么现象发生？火山喷发到底会不会引起地震和海啸？这些平时你不了解的问题，都能在这里找到答案。火山的喷发带来了什么？火山喷发的结果全是危害吗？让我们一起探讨火山喷发的问题，一起感受那强烈的震撼吧！

第四章 火山喷出了什么

42. 火山喷发前会有什么征兆

火山喷发是个惊险的过程，火光四射的场面让许多人为之震撼的同时，也充满了惧怕！火山喷发前都有哪些征兆呢？

在火山喷发前几个月就会出现一些征兆。喷发前，岩浆从地下向外挤压，这样一个圆形的小山丘就会出现在火山的一侧。小山丘的隆起程度不断增加，变得很不稳定，超过一定限度后形成巨大爆炸，释放压力。不过它到底什么时候喷发，难以准确地预测。

火山喷发前，或许会有火山灰如雨点般落下，也可能出现地光。火山口有速度极快的气体冒出，一般是硫黄和硫化氢，味道刺鼻。并且，火山周围的水温也会比平时高很多，电磁波会发生异常变化，小动物都会出现烦躁不安的状况。这时，大家一定要警惕了，火山马上就要喷发了！一旦火山喷发，湍急的岩浆从火山上一泻而下，庄稼、房屋瞬间化为乌有！

火山喷发可怕吧！所以生活在火山周围的人们一定要记清楚这些征兆，当它们出现时，尽量保持冷静，撤离火山喷发的范围，否则一旦火山喷发，后果不堪设想！

43. 火山喷发分为哪些阶段

火山喷发分为哪些阶段呢?

岩浆在喷出地表前可以分为三个阶段：岩浆形成与初始上升阶段、岩浆囊阶段和离开岩浆囊到地表阶段。

在第一阶段，岩浆的产生分为两个部分：熔融体与母岩分离和部分熔融。不过这两个部分是有关联的，并不是互相独立的：在熔融开始产生时，熔融体有可能就开始与母岩分离。

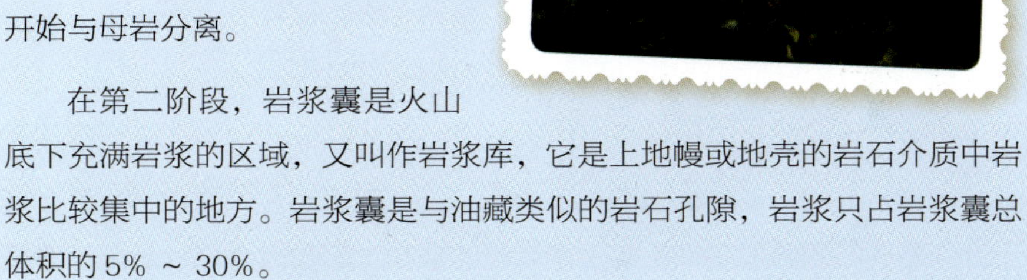

在第二阶段，岩浆囊是火山底下充满岩浆的区域，又叫作岩浆库，它是上地幔或地壳的岩石介质中岩浆比较集中的地方。岩浆囊是与油藏类似的岩石孔隙，岩浆只占岩浆囊总体积的5% ~ 30%。

在第三阶段，岩浆慢慢上升到近地面。这个过程和通道的形成与贯通、岩浆囊的过剩压力以及岩浆上升中的结晶、脱气过程都有关。如果地壳中的张力比当地岩石的破裂强度还要大时，就有可能形成张性破裂，一旦这些裂隙互相连通，就会形成岩浆的喷发通道。

火山的喷发就分为这三个阶段，每经过一个阶段岩浆都会离地面更近一步。

44. 火山喷发有哪些形式

火山的喷发类型是帮助火山分类的一种方式，喷发类型的不同也会影响到火山的形状。1908 年，科学家将火山喷发分为四种类型，分别是夏威夷式、伏尔坎宁式、史冲包连式和培雷式。

夏威夷式喷发一般会形成“熔岩河”，许多裂隙都成为熔岩的通道，熔岩从这些通道中溢出，喷发之后会形成熔岩穹丘。1942 年夏威夷的冒纳罗亚火山的喷发就是这种类型的典型。伏尔坎宁式喷发以意大利的伏尔坎宁火山为代表，喷发十分强烈，喷出的熔岩黏度很大！史冲包连式喷发以意大利的史冲包连火山为典型，炽热的熔岩“喷泉”成为它的显著特征，喷发时还会伴随着白色的蒸汽云，熔岩的黏性比夏威夷式要强。培雷式喷发以西印度洋马提尼克岛的培雷火山为蓝本，岩浆黏度高，喷炸特别强烈。火山碎屑流会随着岩浆一起喷涌而出，这是一种温度十分高的气体，夹杂着大量的碎屑和岩石，产生的破坏力比台风更厉害！

随着时间的发展，又增加了两类形式，即普林尼式和冰岛式。普林尼式喷发是目前已知的最猛烈的喷发类型，它有两个明显的特点，一是会有十分强烈的气体喷发，产生数十千米高的烟柱；二是会生成大量浮石。冰岛式喷发的火山一般位于浅海中。冰岛式火山喷发又称裂隙式喷发。这种喷发温和而宁静，岩浆沿地壳中的断裂带溢出地表。

多年的调查显示，一座火山并不一定只有一种喷发形式，有可能是几种喷发形式并存的。

45. 火山喷发有哪些条件

火山喷发的形成也是有一定规律的，并不是所有地方都能形成火山！

一个地方能否形成火山喷发主要看以下几个因素。首先，要有比较多的地热（自身积累的或外界条件产生的都可）。脱水减低固相线或者隆起减压的过程，都可以促进部分熔融体的形成。其次，地壳中要有丰富的岩浆。再次，岩浆囊对岩浆通道的形成有着相当重要的促进作用。然后，岩浆囊中发生一系列物理化学过程。岩浆囊具有抑制岩浆上升的作用，所以这也是形成爆炸式火山喷发的重要条件之一。最后，岩浆离开岩浆囊后的上升会受到浮力与压力梯度的双重作用。

以上 5 个条件是形成火山喷发的必要条件，只有都满足了，才会形成火山喷发！

46. 火山喷发的同时会有什么现象伴随发生

火山喷发时，岩浆滚滚而来，漫天的火山灰犹如暴雨般倾注而下，大家知道在火山喷发的同时还会有什么自然现象发生吗?

火山喷发时有可能会出现闪电。由火山作用引发的闪电现象长期困扰着科学家。火山闪电只有大约 1 米长，而且只持续数毫秒。如此小的闪电到底是怎样形成的，这一直是个谜。一些科学家认为，有可能是带电硅石从地壳中喷射而出，与大气相互作用形成闪电。火山闪电对于预测火山喷发有一定帮助，当火山开始有喷发的征兆时，科学家可以在火山口附近安装相关仪器，通过观测闪电来预测火山的喷发。这种方法可以让人们提前做好准备，尤其是对空中交通十分重要，因为火山灰对喷气发动机非常有害，所以一旦提前预知，就可以减少事故。

火山喷发时有可能会出现地震。在火山喷发的同时，岩浆喷发冲击或热力作用可能会引起地震。火山地震震动幅度和影响范围都比较小，数量只有地震总数的 7% 左右。火山喷发有可能会导致地震，发生在火山附近的地震也可能引起火山喷发!

火山喷发是不是很可怕呢? 闪电、地震都会随之而来。所以，根据先兆来预知火山喷发是非常有必要的。

47. 火山碎屑会造成哪些影响

火山喷发之后，会留下“火山碎屑”。那么，这些“碎屑”会被我们吸进肺里吗?

火山通道内壁的岩石碎屑和喷出的岩浆冷凝碎屑都属于火山碎屑。火山碎屑大小不一，有比鸡蛋大的火山块、比鸡蛋小一点的火山砾、比豆子小的火山砂和颗粒极其细小的火山灰。它的形态与原岩的性质有一定关系，有条带形、纺锤形或扭动形状的火山弹，还有丝状的火山毛和扁平的熔岩饼。按照内部结构，可以分为内部多孔且颜色呈黑褐的火山渣，内部多孔且颜色较浅的乳石和泡沫。喷向半空的火山碎屑中，比较重的会落在火山口附近，轻小的或上升到平流层，进入到大气环流的过程中，或被风吹到很远的地方落下。

火山碎屑对人们会产生很大的影响，1 毫米厚的火山灰都会令人类及其他生物有较短暂的呼吸问题。1 厘米厚的火山灰会造成人体呼吸系统感染、气喘等问题，会出现变压器着火、电器短路等现象。更甚者，10 厘米厚的火山灰就会造成死亡的悲剧，土地长期不能使用，房屋也大量倒塌!

火山碎屑带来的是无尽的灾难，轻者让人感觉不舒服，重者则会致命!

48. 后火山作用是什么

火山喷发的情景让许多人为之震撼，很多人都以为火山喷发之后，一切活动就停止了。其实不然，火山在喷发之后并不是想象中的那样“老实”，它依旧会很“活泼”。

火山在喷发之后并不会安静下来，地下残留的热能还会继续发挥作用，加热残留的气体，地下的蒸汽压力逐渐增大，当增大到一定程度时，就会在一些特定的地点，形成爆裂口，例如火山口附近。中国台湾阳明山公园的小油坑就是这样形成的爆裂口。爆裂口内常常有硫气孔、喷气孔和温泉。受热的地下水和气体也有可能沿着断层的裂隙冲出地表，形成喷气孔或温泉。这些独特的现象就是后火山作用。

后火山作用顾名思义，就是火山在喷发之后，由余下的热量等引起的一系列反应。火山在喷发之后，并不会变得安静，相反它还会更加活泼的！所以，生活在火山周围的人们在火山喷发之后也要注意安全，或许我们可以利用后火山作用产生的一些能源，为人类服务！

49. 为什么火山和地震形影不离

人们常说，火山和地震总是形影不离，到底是不是这样的呢?

火山和地震有一定的关联性，火山喷发有时会引起地震，但是震级、烈度都会有所不同。发生在火山附近的强烈地震有时也会引起火山喷发。可以说，火山和地震一般情况下就像个形影不离的伙伴。火山喷发时，由于受到热力作用或岩浆喷发冲击力，也会形成火山地震。火山地震分为 A、B 两种类型 ：A 型火山地震发生在火山周围，震源深度为 1 ～ 10 千米 ；B 型火山地震发生在火山口附近的极小范围内，震源深度小于 1 千米。

同样，火山附近震级较大的地震也可能引起火山爆发。华盛顿卡耐基的地球物理学家认为，7 级及其以上的地震会引起强烈的震动，使得火山内的岩浆充分搅动，并释放出二氧化碳。这种额外的二氧化碳会促使即将喷发的火山提前到来!

地震和火山往往先后出现，所以，有较大震级的地震时，一定要采取措施，减小可能的火山喷发带来的危害。同样，火山喷发时，也应当注意预防地震的来袭。

50. 火山喷发会造成海啸吗

陆地上的火山喷发会引起地震，那么，海底火山喷发会引起海啸吗？

海啸的形成原因一般有三个：一是海沟斜坡崩塌；二是地震时海床的垂直位移；三是海底火山的喷发。所以说，海底火山的喷发是会引起海啸的。海啸会造成极大的危害，使海岸地区的生命财产都受到威胁。海底火山喷发引起的海啸，水温并不会升得很高，升高一般不会超过 1 摄氏度，而且大量的海水侵入火山内部，很快火山就会被熄灭并且降温。

公元前 1500 年，地中海的锡拉岛海底火山喷发，产生了不可估量的危害，引起了有历史记录的第一个海啸。锡拉岛海底火山的喷发及引发的海啸造成的死亡人数永远是个谜，不过有地理证据表明，这次海啸淹没了克里特岛沿海地带！ 1883 年 8 月，印度尼西亚喀拉喀托火山的喷发是人类历史上最严重的一次。这次火山喷发震耳欲聋，遥远的澳大利亚居民都能听见。由此引发的海啸，高达 40 米！海啸掀起的海浪一直波及 7000 千米之外的阿拉伯半岛！

51. 恐龙灭绝是因为火山喷发吗

恐龙生活在距今大约2.35亿~6500万年前，是当时地球上的“霸主”。但是，到了6300万年前的新生代第三纪古新世，几乎所有的恐龙都已灭绝。

火山喷发会喷射出大量的二氧化碳，使温室效应激增，大量植物死亡。释放出的大量盐素，会破坏臭氧层，同时，过多的紫外线射入，造成生物灭亡。但恐龙的灭绝真的是因为火山喷发吗？意大利的物理学家安东尼奥·齐基基认为，很可能就是大规模的海底火山喷发，造成一代霸主恐龙灭绝。白垩纪末期，地球上发生了一系列大规模的火山喷发，海水的热平衡受到影响，进而引起陆地气候的变化，那些需要大量食物来维持生存的动物就会受到严重威胁，比如恐龙。

不过，并不是所有的人都认同这个说法，气候变迁说、物种争斗说、大陆漂移说、地磁变化说、陨石撞击说和酸雨说等多种观点也获得了不少人的支持。恐龙的灭绝到底是因为什么原因？真的是火山喷发吗？这一直是个谜！

52. 火山喷发主要有哪些危害

山喷发之后，遗留下许多危害，具体都有哪些呢?

（1）火山泥石流

这种泥石流是由大量的火山灰和暴雨结合形成的，危害极大，能冲毁桥梁和道路，淹没乡村和城市。洪水般的火山泥石流足以让整座城池毁灭!

（2）各种碎屑污染

大到火山块、火山砾，小到火山砂、火山灰，都会不同程度地对环境、生命、财产造成不可估量的损失!

（3）火山碎屑流

具有极大的破坏性，速度之快，难以躲避，是火山喷发的主要杀手之一。所经之处，一片狼藉，生命、财产、建筑等都会受到毁灭性的破坏!

（4）熔岩流

火山喷发之后，有可能会形成熔岩流，温度常在 900 ～ 1200 摄氏度范围内，它的高温是动植物等都不能承受的!

（5）山体滑坡

火山喷发产生剧烈震动，导致周围泥土松动，会出现山体滑坡的现象，对火山附近的地区有很大影响!

火山喷发的危害还有很多，如此巨大的震动，给地球上的人们带来了无尽的灾害。我们能做的，只是提前预防，并且做好撤离的准备，保证人身安全!

53. 庞贝古城是怎么消失的

庞贝古城是亚平宁半岛西南角的一座历史悠久的古城，位于维苏威火山西南约10千米处，始建于公元前6世纪，毁灭于公元79年。你知道庞贝古城是因为什么毁灭的吗？

1900多年前，庞贝是世界上非常富庶的城市之一，这里的人们享受着良好的民主政治，生活安康。然而，庞贝古城的劫难似乎是注定的。1000多年前，维苏威火山的喷发结束了庞贝一世的繁华，而今天的我们，只能看到历史遗留下来的一幕。公元79年8月24日中午，红红烈日，异常闷热，小动物也不安分起来。维苏威火山也憋不住心中的燥热，开始喷发，一块块“云彩”从山顶升起，向天际蔓延，遮住阳光，笼罩大地。一声巨响之后，火热的岩浆从火山口喷涌而出，火山灰腾空千米，漆黑一团，分不清天地，火焰不间断地照亮大地，碎岩如同倾盆大雨般落下。一段时间后，一层层火山灰覆盖了整个庞贝古城，刺鼻的硫黄气体几乎让人窒息。4小时后，厚厚的覆盖物令房屋坍塌！从此之后，庞贝古城消失在人们的视线中，原本繁华的城市就这样烟消云散。

庞贝古城的人们怎么也没有预料到，这脚下厚厚的灰粉是远处维苏威火山的“馈赠”。积聚了几百年力量的火山一旦喷发，带来的是灭顶之灾！

54. 阿尔梅罗城的人们是怎样死亡的

1985年11月13日，哥伦比亚阿尔梅罗城经历了一场浩劫，将近23000人在此次浩劫中丧生。

这场浩劫的始作俑者就是鲁伊斯火山。鲁伊斯火山喷发之后，形成了强烈的火山泥流。火山泥流毁灭了距离火山几十千米远的阿尔梅罗城。火山泥流是主要的火山杀手之一，它是水、砂、黏土和岩石碎块的混合物。火山泥流并不是单纯的水流，也不是单纯的泥流。火山泥流黏度高、密度大，当它沿山谷向下俯冲时具有很强的搬运能力，此时，最高速度可达每小时85千米。相距几百千米的下游都会被火山泥流影响，强大的破坏力使得桥梁、建筑物等被搬运到很远的地方。人类和任何生命都有可能被埋葬，或者被高温的岩石块烫伤！

发生火山泥流一定要有两个条件，即碎屑和水。碎屑来源于火山锥上的火山灰、火山碎屑、火山砾、火山弹、火山块及破碎的熔岩等，或者是火山喷发或地震引起的山崩。而水来自火山口湖的崩溃、高山冰雪融水，或者是强烈的降雨。

阿尔梅罗城的人们就是在1985年鲁伊斯火山喷发之后的火山泥流中失去宝贵生命的。

55. 生命起源于火山喷发吗

你知道地球上最初的生命是怎么产生的吗？是因为火山喷发吗？

一种声音认为生命起源于火山喷发。原始地球上的火山喷发产生了原始大气，原始大气在高温、紫外线以及雷电等各种自然现象的作用下，形成许多有机物，例如氨基酸。当地球温度降低时，产生降雨，这些有机物随着雨水一起汇入原始海洋中。原始海洋中的有机物经过数十亿年的演变，逐渐形成了原始生命，也就是单细胞藻类。慢慢地，单细胞生物开始进化，一直进化到现在，形成各种各样、丰富多彩的生命形式。火山喷发促使原始生命产生，由此，地球上才不那么光秃秃的，才有了些许生机。这个世界上的鸟语花香、春色满园都要归功于最初的火山喷发。

但是，对于生命起源于火山喷发的看法也有一些反对的声音。自然发生说、化学起源说、宇宙生命论和热泉生态系统等理论也各拥有很多支持者，关于生命的真正起源，科学界仍没有定论。

56. 火山喷发能带来哪些好处

火山喷发的确带来了许多灾难，但是也会带来一些好处！

首先，地表下的岩浆是不错的地热资源，规模大的有可能形成“地热田”。火山附近的温泉或热泉，就是岩浆散发出的热度促使地下水变热形成的。

其次，火山会制造出新的陆地。地球表面积的 71% 都是淡蓝的海水，陆地的面积并不大，海底火山喷发后，岩浆会慢慢冷凝成岩石，经过长期积累，岩石会越来越大，越来越多，最终高出水面，形成新的岛屿。夏威夷群岛和冰岛就是两个典型的代表，至今，岛上还有火山在不间断地喷发，喷出岩浆。

此外，火山喷发后形成的火山灰云层，会阻挡太阳光，使平均温度下降，所以有人认为火山喷发是地球天然的一种气候自我调整机制。

最后，火山的喷发会为地球增加各种各样的资源，会令受灾地区在很长一段时期之后重现生机，还会制造一些人类奇观！

57. 火山喷发会带来哪些资源

有火山的地方，往往有许多资源，充分地利用火山资源会为生活带来许多便利！

火山喷发过后的资源主要体现在旅游开发、火山岩材料和地热三个方面。火山的相关旅游业一直十分发达，很多人都会选择去火山周围看看火山曾经“疯狂”过的一瞬，这有助于旅游业的兴旺。

火山喷发能促使很多矿产的形成，最普遍的就是硫黄矿。还有很多玄武岩被喷出，玄武岩是一种分布广泛的火山岩，也是良好的建筑材料。陆地上的火山喷发形成的玄武岩，可以结晶出自然铜和方解石。海底火山喷发形成的玄武岩，可形成巨大规模的铁矿和铜矿。熔炼后的玄武岩，就成了铸石，铸石不仅耐酸耐碱、坚硬耐磨、不导电，而且还可做保温材料。

有火山的地方就会有地热资源。地热能是一种无污染的新能源，得到普遍认可。地热能源广泛运用在医疗、旅游、水产养殖、民用采暖、工业加工和发电等领域。如今，地热发电已经受到世界各国的青睐，中国西藏羊八井建立了全国最大的地热试验基地，取得了不菲的成就！

火山带来的资源不止这些，还有许多等待着我们的发掘！

58. 火山喷发会带来什么样的奇观

火山喷发后会在地球上形成一系列的奇观，现在，我们就来看看都有哪些奇观？

间歇泉，顾名思义就是会间断喷水的泉，是火山喷发后期的一种自然现象。地下的高温将地下水加热到一定程度后，水和蒸汽便喷涌而出，压力降低时就会暂时停止喷出，如此循环往复，便会出现“间歇泉”。

火山口，可以说是大自然的鬼斧神工之作。非洲坦桑尼亚中北部的恩戈罗火山有着 600 多米深的破火山口，最宽部分的直径有 18 千米，底面积为 260 多平方千米，就像一口宽阔的大井。在恩戈罗自然保护区中，生活着狮子、长颈鹿、水牛等各种动物，犹如一个热闹的动物园，为庄严肃穆的火山带来了些许生机！位于中国黑龙江省牡丹江市镜泊湖西北的镜泊湖火山口原始森林，海拔 1000 米左右，在低陷的火山口中生长着广阔的原始森林。

岩浆湖，出现在部分火山口的底部，就像一锅煮熟的粥，翻滚着，沸腾着。夏威夷岛上的基拉韦厄火山口的底部就有岩浆湖，直径 4000 多米、深 130 米的“大锅”里，装着沸腾着的岩浆，有时湖上还会出现高达数米的岩浆喷泉。

59. 火山岛是什么

著名的夏威夷群岛、阿留申群岛都被称作火山岛，那么，火山岛到底是什么呢?

海底火山的喷发物堆积之后会形成火山岛。环太平洋地区分布着相当多的火山岛。火山岛按属性可以分为两种：一种是大陆架或大陆坡海域的火山岛，此类火山岛与大陆地质构造有关联，但又不尽相同，是大陆岛屿与大洋岛之间的过渡类型;另一种是大洋火山岛，与大陆地质构造没有关联。中国的火山岛较少，总共不过百十个，主要分布在台湾岛周围。

火山岛通常是旅游胜地，人们可以和大自然亲密接触，想必感受会非常舒心。

60.火山温泉能洗澡吗

你听说过“火山温泉”吗？我们可以在“火山温泉”里泡澡吗？

当地下岩浆对地下水起到加热的作用时，就会出现火山温泉，这是因火山作用产生的温泉。要是将岩浆中分离出来的火山水加入到地下水中，地下水的温度也会升高。火山温泉温度高，含丰富的矿物质，可在医疗领域发挥它的特长。中国云南省的腾冲火山群和台湾省的大屯火山群一带，都有一些火山温泉！

腾冲热海公园里就有这样一个火山温泉，煮沸的热水不停地翻腾着，蒸腾的热气犹如仙境一般，温度在 90 摄氏度左右，徐霞客看到这一景象，称其“大有煮天烹日之势”。不过，我们是不可以在这里泡澡的，因为温度实在是太高了。

61. 火山活动对气候有什么影响

火山活动对地球上的气候有着相当重要的影响，无论是气温还是降水！

火山喷发之后，火山灰和一些小颗粒的尘埃会很快地降落到地面，可是含硫的化合物却可以飘到平流层中，而平流层没有任何净化空气的能力，所以二氧化硫会一直飘浮在那里。在阳光和水汽的作用下，二氧化硫会在一段时间之后转化成硫酸气溶胶，干扰太阳光到达地面的正常形式。它还会吸收和反向散射一部分短波辐射，减弱进入对流层的太阳辐射，地球的平均温度就会随之降低。不过，火山喷发对不同地区的影响也是不同的，要考虑到实际情况。

火山喷发对于降水也有一定的影响，但没有对气温的影响那么明显。大规模的火山喷发会影响降水异常。对于不同地区、不同地理特征、不同火山的喷发而言，降水的变化也因此有所不同。

总之，火山喷发会对气候有影响，从而也影响了我们的生活，影响到我们的身体健康。

62. “地下森林”真的存在吗

地下森林又被称作“火山口原始森林”，它的特点是在低陷的火山口中隐藏着茂密的原始森林。镜泊湖地下森林海拔1000米左右，蕴藏着丰富的植物资源，有人参、黄芪、三七、五味子等名贵药材，有红松、黄花落叶松、水曲柳、黄菠萝等名贵木材，以及木耳、榛蘑、蕨菜等山珍。

地下森林也有着丰富的动物资源。当我们沿着小路拾级而下时，经常会看见林间鸟儿在飞、小蛇在爬行、小兔在嬉闹、松鼠在树间穿行，一片生机盎然的景象！根据科学家的发现，这里不仅仅有可爱的小动物，而且还有野猪、黑熊等大型动物，甚至还会有国家保护动物东北虎出没。镜泊湖地下森林不愧是一座名副其实的“地下动物园”！

63.“间歇泉”是间歇性地喷发吗

间歇泉在喷发

间歇泉也是火山活动之后形成的现象。它是间断喷发的温泉，常出现在火山喷发较为频繁的区域，可以说是“地下的天然锅炉”。

间歇泉是一种喷发形成的热水泉，但它并不像普通的泉水一样不停地喷涌，而是一停一喷，间歇性地喷发。泉水在喷发时可以射得很高，形成几米，甚至几十米的水柱，异常壮观。不过，它喷水的时间并不长，短则几分钟，长则几十分钟，隔一段时间又会重新喷发，如此循环往复。间歇泉的名字就是这样来的。

充足的地下水源与合适的地质构造是间歇泉形成的最根本的要素，除了这些，还要有一些特殊条件。第一，要有一套复杂的供水系统；第二，间歇泉必须有能源。

世界上著名的间歇泉有西藏间歇泉、冰岛间歇泉、黄石公园间歇泉和新西兰间歇泉等。黄石公园里的老实泉就是个特别有意思的间歇泉，每隔一小时就会剧烈地喷发一次。不过，后来因为地震等其他原因，老实泉发生了变化，不再是那个遵守时间的“老实泉”了。

64. 火山灰有什么用途

火山灰是火山活动时产生的，是细微的火山碎屑物，由岩石、矿物等组成。你知道这么细微的火山灰会有什么用途吗？

在中国，首先火山灰可以运用在建筑材料方面，例如屋面保温层、隔热层、建筑物装饰材料、隔音保温材料等。其次，可用在塑料、填料工业方面，可生产牙膏、肥皂及其他日用化工品填料等。最后，运用在化学工业方面，例如过滤剂、干燥剂和催化剂等。

在国外，首先火山灰可以运用在建材上，制成轻质混凝土。其次用在填料方面，火山灰经过处理可以用作金属餐具擦洗剂、肥皂、工作服洗涤剂、电路板清洗研磨料等。还可以运用在研磨业上，即用作玻璃和眼镜研磨料、软金属及塑料抛光剂，清洗和摩擦木质以及金属的表面。在石油化工方面，可以代替轻质碳酸钙做塑料充填料，用作分子筛、橡胶、沥青、造纸、油漆等的填料。它在日用化工方面也有很多应用，可以用来制作美容材料、化妆品和牙膏填料。最后，用在保温隔热材料上，经过加工处理，可以应用于天花板的隔音材料。

火山灰的用途数不胜数，人们不断地寻找使用它的新途径，让它发挥出更大的作用！

65. 火山可以喷发出钻石吗

火山喷发时，除了喷出岩浆、火山碎屑等物质外，可以喷出钻石吗？

火山喷发时可以喷出钻石，但不意味着火山在喷发的过程中可以形成钻石。钻石又叫金刚石，是一种近乎纯净的碳化物，只有在高温高压下才能形成，而火山喷发时不具备这样的条件。实际上，钻石形成之后，会随着岩浆进入火山通道，岩浆冷却后，就形成了金伯利岩。当火山再次喷发时，金伯利岩会随着岩浆流出来，受到岩浆的冲击力后，钻石母岩破碎，会形成钻石的沉积砂矿，这种砂矿刚好处于火山喷发的范围内，所以，人们会误以为火山在喷发的过程中形成钻石。

现在你知道了吗？火山可以喷出钻石，但钻石是之前形成的，并非在喷发过程中形成，一定不要混淆了哦！而且并不是所有的火山都一定能喷出钻石。

世界上发生了数十次大规模的火山喷发，每一次都会带来深痛的灾难。一些著名的火山公园因为它独特的风貌而受到广大游客的青睐。不论是著名的富士山、“非洲屋脊”乞力马扎罗山、培雷火山、冰岛火山，还是樱岛火山、喀拉喀托火山，每一座火山都有它的独特之处。你了解超级火山吗？超级火山是不是比普通的火山喷发力更强呢？让我们一起来认识地球上的著名火山，一起来领略它们的独特魅力！

第五章 有哪些著名的火山

66. 全球七大活火山是哪些

你知道七大活火山都是哪些吗？

基拉韦厄火山位于美国夏威夷岛东南部，是世界上最具活力、精力最旺盛的活火山。多年来基拉韦厄火山不断喷发，涌出大量岩浆，并形成了几个新的黑沙滩，夏威夷岛的面积也因此不断扩大。

拉基火山位于冰岛南部，紧靠瓦特纳冰原西南端。拉基火山是火山裂缝在喷发过程中形成的，具有明显的地理特征，又称为拉基环形山。

冒纳罗亚火山是世界上最大的孤立的山体之一，位于夏威夷火山国家公园内。在过去的 200 年间，冒纳罗亚火山喷发过 35 次。现在，山顶上还有一个宽达 2700 米的大型破火山口和一些锅状火山口。

维苏威火山位于意大利西南部坎帕尼亚平原的那不勒斯湾畔，是世界上最著名的火山之一。一万多年来，维苏威火山不停地喷发着，火山口总是环绕着缕缕烟雾，缥缈朦胧。

圣海伦斯火山位于美国西北部华盛顿州喀斯喀特山北段。它在休眠了 123 年后于 1980 年 3 月 27 日复活。这次喷发释放出了惊人的能量，是 20 世纪规模最大的火山喷发之一。

埃特纳火山是意大利西西里岛东岸活火山，也是欧洲最高活火山。2012 年 1 月至 4 月就喷发了至少 24 次，可见这座火山有多么活跃！

桑盖火山海拔 5410 米，山势险峻，山顶白雪皑皑，山麓却郁郁葱葱，从山顶到山麓 4000 米的差距，使这里形成了厄瓜多尔独有的景观。

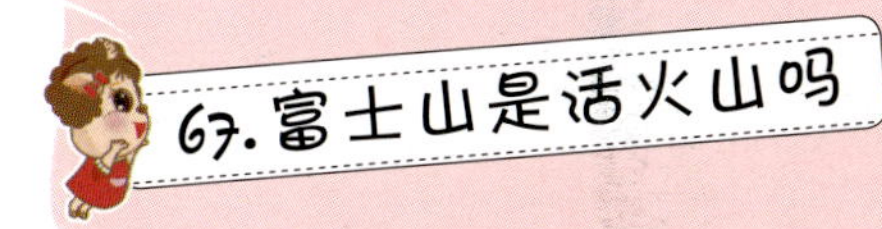

67. 富士山是活火山吗

富士山是日本最高峰，在日本人民的心中有着无限崇高的地位。富士山是世界上最大的活火山之一，几乎处于休眠状态，不过仍在活火山之列。

富士山属于富士火山带，是典型的复合型火山，也是一个标准的锥状火山，独特优美的轮廓让它更受青睐。

富士山上有 2000 多种植物，垂直分布差异明显，山顶终年白雪皑皑。北麓的 5 个堰塞湖是著名的旅游胜地，水波潋滟的碧湖在皑皑白雪的映照下，显得尤为美丽。各种公园、科学馆、博物馆和各种游乐场所都为来自五湖四海的朋友敞开怀抱。由于天气原因，富士山并不是一年四季都开放的，游客只有在夏季规定的一段时间可以登山游赏，一般是每年 7 月 1 日的“山开”到 8 月 26 日的“山闭”之间开放。

富士山是艺术家的向往之地。每天太阳从富士山顶升起或降落的瞬间，会像钻石般闪耀，可谓是大自然的杰出作品！富士山顶上的云朵形状可以预测天气，民间有很多与此有关的传说。富士山顶是由 9 个山峰将火山口围住的，所以，它看起来就像是有 9 个山顶。

富士山远景

68. “非洲屋脊”指的是哪座火山

乞力马扎罗山远景

非洲的著名火山也有许多，大家知道“非洲屋脊”指的是哪座火山吗？

位于坦桑尼亚东北部及东非大裂谷以南约 160 千米处的乞力马扎罗山有着“非洲屋脊”的美誉，也被称为“非洲之王”！这是一座休眠火山，它已经很久没有活动过了。2500 万年前，当地壳断裂形成东非大裂谷的同时，岩浆的猛烈涌动和地壳的大幅度抬升，形成了一系列的火山，而乞力马扎罗山就是其中最高的一座。不过，历史上并没有乞力马扎罗山喷发的记载，但很多证据显示，它最近的一次大喷发可能在 15 万 ~ 20 万年前。

乞力马扎罗山海拔 5895 米，山顶终年积雪。在 2000 ~ 5000 米的山腰部分生长着茂密的森林，郁郁葱葱，枝繁叶茂，其中很多植物都是非洲的名贵品种。2000 米以下部分，有着充沛的降水、温暖的气候。这里生长着咖啡、香蕉等经济作物。山脚下，气候炎热，基本上都高于 30 摄氏度。多年来，乞力马扎罗山靠着火山运动形成的黑色土壤，滋润着千里沃土，哺育着辛勤的劳动人民！

这就是“非洲屋脊”乞力马扎罗山，一座十几万年来没有喷发过的休眠火山。它一直哺育着当地居民，将大自然赐予的能量赠予人类。

69. “美国的富士山”是哪座火山

富士山是世界上最著名的火山之一，那你知道，有着“美国富士山”这一称号的是哪座火山吗？

位于美国华盛顿州斯卡梅尼亚县的圣海伦火山有着“美国富士山”的称号！圣海伦火山位于环太平洋火山带上，因造成大量的火山灰和火山碎屑流而闻名。圣海伦火山最引人注目的一次喷发是在 1980 年 5 月 18 日清晨，这次喷发是美国历史上经济破坏最严重、人员死伤最多的一次。57 人因此丧命，250 座住宅、24 千米铁路和 300 千米高速公路被摧毁。而由此引发的大规模山崩使山的海拔从之前的 2950 米下降到 2550 米，并形成了 1.5 千米宽、125 米深的马蹄形火山口。火山喷发出的火山灰和碎屑是有记录以来最多的一次，总体积达到了 2.3 立方千米。

由于对称的山峰，再加上喷发之前山峰上厚厚的积雪，使得圣海伦火山深受大众的瞩目，并因此得到了“美国富士山”的称号！

“美国富士山”与富士山有着些许相似之处，你认识它了吗？

圣海伦火山远景

雷尼尔山远景

70. 美国最高的火山是哪座

美国最高的火山是华盛顿的雷尼尔火山，同时，这也是美国登山队员的主要训练场所。雷尼尔火山到底有什么吸引人的地方呢？

雷尼尔山是喀斯喀特山脉的一部分，海拔 4000 多米，它是世界上最雄伟的山峰之一，比周围的高峰都要高很多。雷尼尔山上的冰和积雪多达 91 平方千米，可谓是一座“冰火山”。山顶终年被积雪覆盖，20 多道冰河向四周散去。圆锥形的火山有着花岗岩的基盘，火山体是安山岩。如果站在山顶向下望，展现在眼前的是一片朦胧的雾海，那些较高的山峰会伸出尖尖角，就像海中的小岛。七、八月份的草原地带，冰雪融化，漫山遍野都是花的海洋。山麓下有原始森林、湖泊、瀑布，树木、藤蔓交错分布，这千变万化的景色受到很多人的青睐。

雷尼尔火山虽然美不胜收，但也有一定的危险性。雷尼尔火山上的冰雪据估算比喀斯喀特山脉其他火山的冰雪总和还要多，所以，当它喷发时极有可能发生火山泥流。过去的一段时间内，雷尼尔火山喷发带来的火山泥流一直倾泻到很远的地方，摧毁了大量城市设施，造成极大的损失。

71. “地中海的灯塔”是哪座火山

地中海地区，有一座火山被称为“地中海的灯塔”。你知道为什么它会有这样的称呼吗？

斯德朗博利火山位于意大利西西里岛北部的利帕里群岛中，海拔 926 米，每隔两三分钟就会喷发一次，烟柱、蒸汽和碎屑升到上百米的高空，逐渐弥漫开来。火山喷发时喷出的烟柱，在黑夜中和炽热的岩浆交相辉映，一片通红。这时，就会出现一明一暗的场景，在 100 多千米外的海上都能看见。由此，斯德朗博利火山被称为“地中海的灯塔”！

斯德朗博利火山的北边有两个小村子，19 世纪末 20 世纪初，岛上有上千个居民，1891 年时人口最多。不过，因为这里的火山经常喷发，再加上这里是全球地震最频繁的地区之一，所以，人口逐渐外移，20 世纪 50 年代之后，人口越来越少，现在只剩下几百人。

斯德朗博利火山就像地中海中的一座灯塔，不停地闪烁着，为地中海中航行的人们指引着方向！“地中海的灯塔”这一比喻是不是很贴切呢？

斯德朗博利火山远景

72. 世界上最矮的活火山是哪座

世界上最矮的活火山是菲律宾吕宋岛上的塔尔火山，相对高度只有200米！

塔尔火山位于景色秀丽的塔尔湖中心。塔尔火山近年来一直在不断地喷发，特别是在20世纪。1976年塔尔火山的一次喷发，扬起了1500多米高的火山灰。塔尔火山特别可爱，火山口湖中有个小火山。塔尔火山和小火山一起构成了“母子”火山。这个“子火山”叫作武耳卡诺。它们的脾气十分相像，都很暴躁。迄今为止，塔尔火山已经爆发了20多次，武耳卡诺就是在1911年的喷发中诞生的，意思是“燃烧的山”。这座燃烧着的山，一直蒙着一层神秘的面纱。

这就是世界上最矮的活火山——塔尔火山。塔尔火山虽然矮小，但蕴藏的能量却是巨大的！

73. 培雷火山在哪里

位于加勒比海东部西印度群岛的马提尼克岛北部的培雷火山是座活火山，你想知道这座火山有什么样的故事吗？

培雷火山高1350米，是全岛的最高峰，同时也是东加勒比海中活动最频繁的火山之一。培雷火山1902年的喷发，造成不计其数的人死亡，是世界上造成损失最惨重的火山喷发之一。1753年，当圣皮埃尔这座小城在培雷火山南麓安顿下来时，火山似乎并不那么友好，将一场喷发当作见面礼。此后的喷发更是断断续续，不过幸好并没有带来严重的灾难，反而为这座小城增添了一丝异常的美丽。假日期间，市民总会到火山口观赏烟幕，将山坡野餐和洗温泉当作闲暇时间的乐趣。

从1902年2月开始，这座火山开始了一系列的火山活动。人们发现家里的银器表面变黑，动物也烦躁不安，这都是火山喷发前的征兆。可是，和培雷火山和平共处这么多年的人们并没有意识到大难在即，政府当局也没有及时通知疏散，反而“安抚人心”。最终导致全城只有两人幸存，从此以后，圣皮埃尔消失了，马提尼克的首府迁到了法兰西堡。废墟旁一座同名城市建了起来，现在有6000人，而废墟已成为历史的展览品。

这就是血的教训，当我们看到火山喷发的征兆时，就应该提高警惕，准备逃离！

74. 埃特纳火山在哪里

埃特纳火山在意大利西西里岛东岸，是欧洲最高的活火山，海拔3200米以上，它的高度各个时期都会有变化。

意大利的火山活动十分频繁，它的监测研究水平也处于世界前列，光西西里岛就有 4 个火山监测站。埃特纳火山喷发时，漫天的火山灰导致当地机场短暂关闭。令人奇怪的是，火山喷发后，当地民众突然比正常上班时间提早十多分钟，电子钟表和计算机的时间都变快了十几分钟。很多人认为这是火山喷发所致，也有人认为，是受到太阳风暴的影响，才会变得如此异常。暂时没有人能给出合理的解释。

尽管埃特纳火山对待人们并不友好，但居民还是不愿远离故土。火山喷出的火山灰让土壤变得更加肥沃，为农业生产提供了极为有利的条件。而且海拔 900 米以下的地区，分布着广阔的葡萄、柑橘、樱桃、苹果、榛树的果园等。

75. 基拉韦厄火山为什么被称为“哈里摩摩”

基拉韦厄火山位于美国夏威夷岛东南部，被当地人称为“哈里摩摩”，你知道这是为什么吗？

基拉韦厄火山是个活动力旺盛的活火山，经常喷发。火山海拔 1200 多米，4 个埃菲尔铁塔垒在一起也不及它高。基拉韦厄火山的最大特点在于，它在海平面以下还有 5486 米，所以难以窥见全貌。在滚烫的熔岩下，依旧有神秘的火山，它被认为是世界上最庞大的火山之一。

基拉韦厄火山山顶有一个巨大的破火山口，深 130 多米，直径 4027 米。破火山口内还有许多小的火山口。世上最大的岩浆湖曾经出现在这里，湖的面积有 10 万平方米，十几米深的岩浆在湖中沸腾着，仿佛一炉煮沸的钢水。破火山口的西南角还有个翻滚着熔岩的火山口，熔岩时而溢出火山口，犹如瀑布一般，时而向上喷射，形成“喷泉”。因此当地土著人称它为“哈里摩摩”，意思是“永恒火焰之家”。

基拉韦厄火山就是这样一个喷发旺盛的大火山，“哈里摩摩”这一称呼实在是恰当不过了！

76.冰岛火山喷发有什么影响

冰岛火山指的是位于冰岛首都雷克雅未克以东125千米的艾雅法拉火山。艾雅法拉火山喷发时影响范围十分广泛。

艾雅法拉火山曾于当地时间 2010 年 3 月 20 日首次喷发，4 月 14 日凌晨 1 时再次喷发，岩浆倾泻而下，融化了冰盖，引发强烈洪水，附近居民紧急撤离。16 日火山又一次喷发，喷发的冰泥流带来了更剧烈的洪水，空中漂浮着大量火山灰。如果火山继续喷发，有毒物质会进入平流层，整个地球都会受到影响。更甚者，到达地球的阳光在一两年内都会被阻挡。大量的火山灰积聚在空中，挪威的居民在家门口就可以近距离观察到，火山灰夹在蓝天白云中，层层叠叠，它们沿着冰岛、挪威，一路飘散到英国！浓重的火山灰会对人体的呼吸系统和眼睛造成伤害，还会影响机械的正常工作，降低飞机的安全系数。另外，艾雅法拉火山的火山灰中有很多水汽，所以黏附性较大，很容易粘在建筑上，严重的会使建筑物垮塌。

冰岛艾雅法拉火山的这次喷发给整个欧洲带来了巨大危机。

77. 圣玛利亚火山第一次喷发是什么时候

圣玛利亚火山是中美洲危地马拉南部西高地省的一座活火山，海拔高度为3768米。你知道这座火山的第一次喷发是在什么时候吗？

圣玛利亚火山由玄武质安山岩组成，是一座圆锥状的层状火山，茂密的森林对称地覆盖在光秃秃的火山上。它屹立在危地马拉太平洋海岸的平原上。1902年4月8日，圣玛利亚火山首次喷发，爆发指数是6级，火山灰覆盖在几百平方千米的土地上，连旧金山也受到了影响。炽热的熔岩流摧毁了沿途的村庄和建筑，1000余人在此次火山喷发中遇难！

1902年喷发之前，圣玛利亚火山是十分乖巧的，它至少沉睡了500年，也有可能是几千年。从1902年1月开始，发生了一系列的火山震群，新产生的火山口令南侧部分十分陡峭。圣玛利亚火山每一次喷发都会带来大规模的山崩，方圆100平方千米的土地遭受到不同程度的破坏。

爆发指数是指以火山喷发时喷出物体积、火山云和定性观测用来量度火山喷发的强烈程度。历史上最大型的火山喷发强度为8级，而非爆炸型喷发强度为0级，指数每增1级表示火山喷发威力大10倍。

78.尼拉贡戈火山在哪里

尼拉贡戈火山位于非洲中东部，它不仅是非洲最著名的火山之一，还是非洲最危险的火山之一！

1977 年 1 月，尼拉贡戈火山半个小时的喷发就让 2000 多人丧命。2002 年 1 月 17 日，尼拉贡戈火山又一次喷发，近 10 万市民被迫逃离家园，流落他乡。2002 年的这次喷发，岩浆并不是从火山口中直接喷出的，而是从山坡上的 3 个裂口涌出的，沿路的数十座房屋都受到摧毁，戈马市 80% 的基础设施遭到了破坏。而且自来水厂停水，抽水站基本上也被破坏，这给当地居民的生活带来极大不便。

地质学家认为尼拉贡戈火山的危险程度不亚于世界上任何一座火山，而戈马市很可能成为第二个“庞贝古城”。过去的 150 年间，尼拉贡戈火山已经喷发了 50 多次。尽管这里十分危险，但是居民难以舍弃肥沃的土壤和充足的湖泊水，所以，戈马市依旧有许多人居住。

尼拉贡戈火山的确很危险，生活在周围的居民应该提高警惕，不要让它成为第二个“庞贝古城”！

79. 樱岛火山是座活火山吗

位于日本九州鹿儿岛县的樱岛火山，是鹿儿岛的象征。拥有这么好听的名字，那么樱岛火山是个什么性质的火山呢？

樱岛火山是座活火山，火山因这美丽的名字而名扬天下。樱岛火山总面积为 77 平方千米，由北岳、中岳与南岳三部分组成。1914 年，樱岛火山从沉睡中苏醒，从此它不再是孤独的小岛，这次喷发有将近 30 亿吨的熔岩流出。之后的一个月，陆续有大量的火山岩浆流入海中，待到冷却之后，便与九州陆地的大隅半岛相连，这样，就形成了一个通向美丽樱岛的小道。一直到今天，樱岛火山喷发过 30 多次。最近的一次喷发是 2013 年 8 月 18 日，樱岛的昭和火山口发生爆炸性喷发，喷出的烟尘高达 5000 米，是观测史上最高的一次。

尽管如此，岛内依然住满了居民，他们大部分都是靠旅游业维持生计，同时，他们也将岛内的土特产发扬光大。这样，原本令人畏惧的樱岛，此时也变得愈发可爱。

80.喀拉喀托火山最猛烈的一次喷发是什么时候

喀拉喀托火山位于印度尼西亚巽他海峡中，这座活火山一直持续不断地喷发着，你知道它最猛烈的一次喷发是什么时候吗？

喀拉喀托火山 1883 年的大喷发，震撼世界！据估计，强大的爆炸力相当于投掷在日本广岛的原子弹的 12000 万倍。喷发之后的 4 个小时里，又发生了 4 次超大规模的爆炸，最猛烈的当属最后一次。喷出的气体和火山灰，冲上 80 千米的高空。这次喷发使喀拉喀托火山水面上 45 平方千米的土地，将近三分之二变成水下火山。1883 年的这次喷发还引起了强烈的地震和海啸，10 层楼高的海啸呼啸而来，海水甚至流到印度尼西亚爪哇岛和苏门答腊岛的内地，300 个村镇就这样被无情摧毁，50000 条鲜活的生命就这样消失。1883 年 5 月 20 日开始的这次大喷发，到当年 8 月 27 日才基本平息，经过 99 天的考验，很多地方都受到不同程度的损失。火山的喷发物散落到半径约为 237 千米的范围内，火山周围的岛屿都遭到了岩浆和其他喷出物的无情袭击。喀拉喀托火山几乎无人居住，所以喷发时死伤人数很少。但是，火山喷发引起的海啸，远至南美洲和夏威夷都受到了威胁。

“声震一万里，灰撒三大洋”，用这句话来形容喀拉喀托火山 1883 年那次的喷发，实在是再贴切不过了！

81.“中美洲的花园”中最著名的火山是哪座

哥斯达黎加向来有“中美洲的花园”之称，境内有9座活火山。那么，你知道最著名的是哪一座吗？

阿雷纳火山是哥斯达黎加最负盛名的火山，同时也是世界上最活跃的火山之一。它位于首都圣何塞西北大约147千米处，海拔1633米。阿雷纳火山最大的一次喷发是在1968年7月29日，可怕的熔岩覆盖了超过7平方千米的土地，造成了极大的经济损失。不过，近些年来阿雷纳火山安静了许多，只有小规模的喷发。

阿雷纳火山国家公园内的幽静小路和附近的山顶成为游客观看火山的绝佳去处。火山不间断地喷发着，巨大的火山灰和轰鸣声，使得几十千米外都能感受到。傍晚将至，岩浆包裹着熔化了的山石向坡下翻滚，诡异而又灿烂的“焰火”出现在人们的视线中，它们通常绵延到5千米以外的地方，这可谓是中美洲最著名的奇观！

火山附近湖光山色，风景秀丽，山湖之间流动着热腾腾的温泉，几乎随时随地都可以享受温泉带来的快乐，这一点吸引了无数的游客。

82.克柳切夫火山在哪里

克柳切夫火山是欧亚大陆上最高的活火山，也是世界上最活跃的火山之一。你知道它在哪里吗?

克柳切夫火山位于俄罗斯堪察加半岛，是堪察加半岛的最高点。7000年前的一天，克柳切夫火山在一阵阵轰鸣声中呱呱坠地，当时高约4850米，但是一次猛烈的喷发，削低了将近100米的高度，现在它的高度是4750米，外形好似一座庄严肃穆的锥形建筑物。

在当地原住民心中，克柳切夫火山是神创造世界的地方，是所有火山中最神圣的。他们认为上苍会继续在这里创造新的生命，所以克柳切夫火山仍然处于活跃期，随时有可能喷发，当地人们对于克柳切夫火山一直保持着警惕。

几千年间，大约每10年克柳切夫火山就会喷发一次，自从1697年以来，已经喷发了80多次。其中1994年10月的那次特别强烈，喷出的火山灰高达火山口上空20千米。

83.中国有哪些著名火山

在中国有很多著名的火山，它们都各具特色。你知道都有哪些吗？

黑龙江五大连池火山，位于黑龙江省北部五大连池市境内，火山群怀抱之中的五大连池火山属于小兴安岭西侧中段余脉。

黑龙江镜泊湖火山，位于黑龙江镜泊湖西北约 50 千米。2000 ~ 3000 年前有过火山喷发，还保留着 13 个完好的火山口。

吉林长白山火山群，周围分布着 100 多座火山。最大的火山口呈漏斗状，海拔 2600 多米，直径 4.5 千米，深达 800 多米。独特的景观在整个中国都罕见。

腾冲火山群，有着“天然地质博物馆”的美誉，位于横断山系南段的高黎贡山西侧的腾冲县。大大小小、形态各异的火山构成了一个庞大的火山群景观。

新疆阿什库勒火山群，属活火山，位于新疆于田县以南约 120 千米的青藏高原西北缘的西昆仑山。十几座主火山和数十座子火山构成了这个美丽壮观的火山群。

琼北火山，所在的海南岛北部地区是华南沿海新生代火山岩分布面积最大的一个。这里的火山岩面积达 7300 平方千米，177 座火山口可以被认出，海拔均低于 300 米。

中国的火山还有很多，约有 660 座火山，大多是死火山，只有 5 座活火山和 6 座休眠火山！

84. 阿什库勒火山最近一次喷发是什么时候

在中国新疆，有座著名的火山叫阿什库勒火山，你想知道它最近一次喷发是什么时候吗？

位于新疆于田县以南约 120 千米青藏高原西北缘的西昆仑山上的阿什库勒火山群，属活火山，由 10 多座主火山和数十座子火山组成，包括西山、阿什山、大黑山、乌鲁克山、月牙山等。其中阿什山傲居群雄，是最高的火山，海拔 5808 米，中心式喷发的模式，促使它形成圆锥状或截顶圆锥状的火山锥。它最近的一次喷发是在 1951 年 5 月 27 日。如果有一天阿什库勒火山在国际上被认定是活火山，那么，欧亚大陆最高活火山的纪录将会被刷新，克柳切夫火山的地位也将不保。

高度在克柳切夫火山之上、阿什山之下的活火山和休眠火山还有土耳其海拔 5165 米的大阿勒山、俄罗斯海拔 5642 米的厄尔布鲁士山和伊朗海拔 5610 米的达马万德山。

85. 世界上最著名的火山公园是哪个

火山公园是以观赏火山喷发奇景为主题的特殊游览区，你知道世界上最著名的火山公园是哪个吗？

夏威夷火山国家公园可谓是世界上最著名、最美丽的火山公园，位于美国夏威夷岛上，面积 890 平方千米，以冒纳罗亚和基拉韦厄两座活火山而闻名！每当火山喷发时，岛上的居民并不是慌张地逃离，而是同旅游者一起迫不及待地前来观赏。喷发形成的火山熔岩，一泻而下，沸腾着流向冰凉的海水。滚滚而来的浪潮的推挤再加上坚硬的岩石暗礁的冲击，黑沙滩逐渐形成，它是夏威夷岛最引人瞩目、最特殊梦幻的火山景观。2012 年 11 月 27 日，夏威夷卡拉帕纳火山喷发，喷出的岩浆流入大海，形成罕见的景象。

新西兰汤加里罗国家公园、卢旺达火山公园、中国云南腾冲的火山国家地质公园、哥斯达黎加博阿斯国家公园、中国海口火山口公园和漳州滨海火山国家地质公园等，也都是有名的火山公园，公园内奇异的景色让游客们流连忘返！

世界上还有很多不同的火山公园，它们大都建立在地壳活动带上，以壮观的景色和刺激的体验而成为著名的旅游胜地！

86. 什么叫“超级火山”

你知道“超级火山”吗？“超级火山”是不是要比一般的火山更厉害呢？

超级火山指的是能够引发极大规模喷发的火山类型。但对于超级火山的喷发规模和影响，尚无定论，不过众所周知的是，极大规模的火山喷发能在瞬间改变地形，甚至改变全球天气，引发全球性的灾难。超级火山与普通火山的形成和形状都不尽相同。普通火山通常是很容易辨认的圆锥形，而超级火山的岩浆往往是从巨大的峡谷中喷发出来的，火山口直径比普通火山大得多，可达数百千米。最典型的例子就是印度尼西亚苏门答腊岛北部的多巴湖，就是超级火山喷发后形成的火山湖。

当然，并不是随便一座火山都可以称为超级火山，超级火山喷发能瞬间改变全球形态，甚至威胁到整个人类！只有喷发出的火山物质在 1000 立方千米以上的才能叫作超级火山，换句话说，超级火山的无数次喷发中，至少有一次喷发量达到 1000 立方千米，就可以算是超级火山了，否则就不是。至今，全球一共有 40 多次 8 级火山喷发，巴西南部帕拉纳州的火山喷发的规模和影响堪称世界之最，是美国黄石火山喷发的最大规模的 3.5 倍。此外，帕拉纳州火山还发生了 9 次 8 级喷发，喷出的火山物质足足有 49590 立方千米！

这就是超级火山，非同一般的超级火山，它的喷发足以威胁全人类的安全！

87.地球上的超级火山有哪些

超级火山是如此的厉害，那么，世界上都有哪些著名的超级火山呢？

多巴火山，位于印度尼西亚苏门答腊岛，喷发量为2800立方千米。它最后一次喷发大约在73500年前，是地球上已知的倒数第二次超级火山喷发。

黄石火山，位于美国黄石公园正下方，喷发量达到 2450 立方千米，最近一次大规模喷发是在 63 万年前。

陶波火山喷发量有 1170 立方千米，从新西兰北岛中部一直延伸到太平洋，是一个链条状的火山带。陶波火山有着“超级巨无霸”的称号，以喷发大量岩浆而闻名世界，不过如今它只是一片湖泊。

粮船湾火山，位于中国香港粮船湾，喷发量有 1300 立方千米，是香港一直到中国东南部这一地带，首座被发现的古代超级火山，它最后一次喷发是在 1.4 亿年前，现在是死火山。

拉加里塔火山，位于美国科罗拉多州西南部，喷发量达到 5000 立方千米！火山口特别大，科学家花了很久的时间才确定它的火山口的大小。拉加里塔火山的威力和影响是多巴火山的两倍，是目前已知最大的爆炸性超级火山喷发，形成了圣胡安火山区，这是地表上面积最大的凝灰岩区域。

地球上还有很多超级火山，只不过喷发的时间都离现在好远。如果当今地球上有一座超级火山喷发，后果将是不可想象的！

88.黄石火山还会喷发吗

位于美国黄石国家公园下方的黄石超级火山，是唯一处于大陆上的超级活火山！

黄石超级火山已经有 3 次喷发的历史，第一次喷发在 1650 万年前，最后一次是在 63 万年前。由此，科学家推断，黄石超级火山大约每 60 万年就会喷发一次。很多科学家认为，近几年太阳活动越来越剧烈，再加上 60 万年的周期，黄石超级火山似乎很快就要喷发了！它若喷发，威力是圣海伦斯火山的 1000 倍到 8000 倍。如果说圣海伦斯火山喷出的物质是一颗小石子，那么黄石超级火山喷出的物质就是一个可以隐藏一个人的大球！

英国科学家曾做过模拟演示，一旦黄石超级火山喷发，大量的火山灰在三四天内就可以抵达欧洲大陆，美国四分之三的国土会一片狼藉。火山周围 1000 千米内的大部分人们都会因吸入的火山灰在肺部固化而死亡，一瞬间，无数城池又将毁灭。飘荡在天空中的火山灰会降低地球的平均温度，大部分地区会下降 10 摄氏度，而北极则会下降 12 摄氏度，需要 6 ~ 10 年之后，这种情况才会慢慢消失。

黄石火山喷发的场景难以想象，带来的后果也是人类所难以承受的！所以，一套完备的测震措施是十分必要的，提前预测火山的到来，及时做好疏散措施，是十分必要的。

89. 多巴火山喷发过多少次

印度尼西亚苏门答腊岛的多巴火山，是地球上已知的倒数第二大的超级火山。

多巴火山的第一次喷发发生在大约 120 万年前，这次火山喷发喷射出了大量的安山质凝灰岩，总体积在 100 ~ 1000 立方千米。36 万年后，多巴火山第二次大规模的喷发开始了，这次火山喷发指数仍然达到了 7 级或者 8 级，喷射出的物质在 500 ~ 1000 立方千米。34 万年后，多巴火山又一次喷发，喷发依旧十分猛烈，喷出物也极其多，达到 100 ~ 1000 立方千米，这三次超级火山的喷发都是不为人知的。

一直到第四次喷发，才为人们所知，这一次也是最为猛烈的，喷发时天昏地暗，地球上的气温也随之降低了 5 摄氏度，北半球的温度甚至下降了 15 摄氏度，这样的情况一直持续了 6 年。这次喷发持续了几个星期，喷出 2800 立方千米的物质。喷发之后 3 天，火山灰充斥了将近半个地球的上空。马来西亚的火山灰达到 7 米，印度的德干高原也有 15 厘米厚的火山灰。一个月后，火山灰的强大效应让地球进入冰川时期，只有少数物种经过顽强拼搏，幸存了下来。

多巴火山喷发过 4 次，而且一次比一次猛烈，最终威胁到地球上物种的生存，这是多么可怕的事情！

火山与我们有着十分微妙的关系，它有时会向人们伸出魔爪，但有时却给人们带来馈赠。火山附近可以住人吗？我们能预测或者控制火山的喷发吗？在火山喷发中我们应该如何自救？火山学家们的工作又是怎样的？这些平时人们不怎么关注的问题，你知道该如何解答吗？

第六章 我们与火山

火山喷发时非常可怕，那火山周围一定不会有人居住吧？其实不然，有的地方距离火山很近，人口却非常稠密。例如意大利的维苏威火山，它在公元79年的一次猛烈喷发曾夺去很多人的生命。但是，居住在火山周围的人们还是对这里不离不弃。又如墨西哥，人口稠密的地方几乎都是有火山的地方。这到底是为什么呢？

人们会选择居住在火山周围，有以下几个原因。

首先，火山灰非常肥沃，有利于农作物生长。例如印度尼西亚的爪哇岛，面积不大，人口却占了本国的一半。就是因为当地处于亚欧板块与印度洋板块交界处，是个火山地震多发带，火山喷发出来的火山灰是繁荣农业的重要条件。

其次，火山带来巨大的财富——热源。火山喷发地区通常有大量的热水、热气蕴藏在地底下，这种具有价值的资源能够解决人们的用电问题。一些热源还以温泉的形式出现，大大促进了当地旅游业的发展。当然，热源最重要的作用当属供暖，这使得冰岛这个寒冷的国家可以生产热带水果香蕉，这都是火山的功劳。

最后，火山喷发的过程中还会形成很多奇观，有利于大力发展旅游业。

由此看来，火山附近不仅能住人，而且当地的人们还从火山那里获益不少呢。有些人会觉得，火山喷发不知道多久才会发生一次呢！所以，他们会在喷发之后跑去火山周围居住、从事生产活动。你千万要记住，火山周围是可以住人的，而且有的还是很好的旅游胜地。有机会不妨去看看这些“奇观”！

91. 人类可以预测火山喷发吗

火山喷发是如此的可怕，如果人们可以提前预测的话，就能减少很多损失！

地球上的火山几乎每 10 年就会有一次大型的喷发，会使上千人处于危险之中。几乎每 100 年就会有一次特大型火山喷发，更多的人会遭受牵连。此时，对于火山喷发的预测显得尤为重要。如果预测工作到位，就可以挽救许多人的生命，可以减少大量损失。我们可以利用灵敏地震仪来监测火山，通过记录、分析岩浆在喷发前的一系列反应，来推测火山喷发的时间。当火山喷发之后，可以通过对岩浆、各种泥流的分析来判断喷发的规模、级别，尽量减小喷发带来的各种危害。对火山监测的目的，就是掌握动向、分析活动性、划分危险区以及可能的危害区，为减小火山喷发带来的损失作出贡献。

现在我们有能力预测火山的喷发，不过最重要的还是靠人们的预防措施。但过早地撤离会危害城市的经济发展，而不及时撤离又会伤害到人们。所以，不妨提前在另一个安全的地方准备好食物、水等生活必需品，一旦火山即将喷发，就迅速撤离到安全的地方。

总之，科技每天都在进步，火山的预测、监测机制也一定会发展得越来越好，使它更好地为人类服务！

92. 人类有办法控制火山喷发吗

火山一旦喷发就像一个可怕的魔鬼，带来毁灭性的灾难。你有没有想过，人类可不可以控制火山的喷发呢？

一些人相信火山喷发是激怒“火神”的缘故，或者是因为上帝在此创造天地。火山的喷发实际上是地壳运动的结果，每年都会有许多人在火山喷发中丧生。有很多人都觉得光有火山监测是不够的，要是能控制火山的喷发就好了。可是，人类是不可能控制火山喷发的。火山喷发是自然的结果，大自然的伟大力量并不是你我可以抵挡的。所以，面对火山喷发时，我们要想的不是怎样控制它，而是怎样逃离，怎样将损失降到最低。

当你看到火山喷发的“影子”，即有明显的征兆时，就应该提高警惕，做好准备，迅速逃离，去一个安全的有食物、水等生活必需品的地方。

93. 火山喷发时我们应该怎样自救

地球上的许多火山喷发时，都会产生不可估量的危害！那么，这时我们应该怎样自救呢？

避免喷出物的危害，在逃离时，尽量戴上坚硬的头盔，保护头部不受伤害，例如摩托车的头盔等。避免火山灰的危害，戴上护眼镜或者滑雪镜，保护好眼睛，不过，戴太阳镜是没有效果的。用湿布捂住口鼻，不要吸进火山灰。到了安全的地点之后，脱去脏衣物，将裸露在外的皮肤好好冲洗干净。

避免气体球状物的危害，如果周围有坚硬的建筑物，就躲在建筑物里。要是没有，可以就近在水里屏气半分钟左右，等到球状物过去之后再起来。

避免熔岩的危害，争取跑出熔岩流的路线。熔岩流的危害相对比较小，因为人们基本上可以跑离熔岩流的路线。

对于驾车逃离的朋友来说，一定要注意火山灰会让路面变滑，所以防滑措施不容忽视。另外，峡谷路线很有可能成为火山泥流的 路 线，一定不要选择这种路线。

火山喷发前会有很多征兆，例如震耳的轰隆声、浓重的硫黄味、蒸腾的热气等。一旦看到这些征兆，大家就要赶紧逃离，越早越好！

遭遇火山喷发要戴上头盔

94. 火山会造成人类灭绝吗

火山喷发的确是一件十分可怕的事情，它就像一个恶魔，一旦向我们伸出魔爪，后果则不堪设想。那么火山喷发会让人类灭绝吗？

地球上超级火山的喷发有可能让人类灭亡！印度尼西亚的苏门答腊岛至今还有一个直径长达 96 千米的火山口，这个火山口是 7 万年前火山喷发遗留下来的。那次火山喷发是地球上有史以来最大的一次，不过，最让人惊奇的并不是如此大的规模，而是它产生的硫酸雾长期以来阻挡着阳光，大地犹如进入了冬眠期一般，无论昼夜都是一片漆黑。据估计，那次火山喷发产生的火山灰几乎覆盖美国 0.6 米！这样大规模的火山喷发，很有可能毁灭人类！

一般的火山喷发也有可能为人们带来灭顶之灾。位于西班牙的拉帕尔玛岛，是个著名的火山岛。此岛多年来朝海倾斜的趋势越来越厉害，如果火山岛继续喷发下去，它的西部地区很有可能陷入大西洋。数据显示，由此引发的海啸会以每小时 805 千米的速度横穿大西洋，吞没整个美国东海岸！地球上类似这样的情况还有很多，每一次的火山喷发都会有意想不到的后果！

火山喷发是我们不能控制的，它很有可能造成人类的毁灭！所以，我们一定要尽一切可能减小火山喷发的危害！

95. 什么是火山学

火山曾无数次地给人类带来毁灭性的灾难，至今地球上的火山活动依旧十分频繁。于是，对于火山的研究变得越来越迫切，火山学应运而生！

研究火山及其活动规律的科学就是火山学。19 世纪初期，火山学作为物理地质学的一个重要分支，出现在人们面前。火山学的研究内容非常广泛，包括形成火山的地质背景、火山活动的成因、火山现象与各类活动的特征、火山对环境的影响、火山与人类的关系、火山喷发的监测与预报等。火山学是地质学、化学、物理学、数学等很多学科的综合，是一门有着良好前景的新兴学科。除了地球上，太阳系中其他星体，例如火星、金星等天体上也发现了大规模火山活动的遗迹，在木星的卫星上还观测到正在喷发的火山。现今，科学家、火山学家已经将火山作为一种宇宙现象来研究！研究火山的主要目的在于确定火山的性质和喷发原因，可以进一步预报火山的喷发。对于火山的探索有助于寻找有价值的矿床，特别是某些金属硫化物矿床资料。

在火山活动越来越剧烈的今天，研究火山变得日益重要，火山学也发展得越来越好！

96.火山学家的工作是怎样的

火山学家包括地质学、地球物理、地球化学等很多领域的专家。他们以火山为观察、研究、工作对象。那么，火山学家的工作到底是怎样的呢？

火山学家专门研究世界各地的火山，包括火山的背景、火山的形成、火山的喷发、火山的喷出物、火山产生的影响、火山与人类的关系以及对于火山动向的预测等。他们的工作需要实地考察，需要收集各种数据，需要近距离地观察火山，危险性也不言而喻，火山学家是科学研究领域中最危险的一种职业。不过，敬业的火山学家并没有因为危险而懈怠这份工作，相反，他们中的很多人都不顾自身安危，用尽一切办法去了解火山。这样尽职尽责的工作换来的是经济损失的减少，是伤亡人员的减少！人类对火山的了解越来越多，对它的监测也越来越严密，受到的伤害也就越来越少，这都要归功于科技的不断进步和火山学家的不懈努力！

火山学家的工作环境十分危险，一不留神就会被各种各样的喷出物伤到，更甚者会失去生命。让我们为火山学家致敬，为这份危险但却神圣的职业致敬！

97. 为什么富士山会成为日本的象征和骄傲

富士山在日本人心中的地位就好像长城在我们心中的地位一样重要，在他们心中，富士山就是一座圣山。那么，为什么这座山会成为日本的象征和骄傲呢？

富士山是日本的最高峰，它外观独特，呈现出匀称的圆锥形，好似一把玉扇，冷艳、秀美而高贵，深受日本人民的喜爱。

富士山风景秀丽，北麓有富士五湖，神秘的深蓝色让它更富神话色彩，湖水终年流淌，从不结冰。南麓是一片辽阔的高原，茵茵的碧草上牛羊成群，一片和谐。还有各种植物、动物、瀑布等。每到适宜季节，这里都会接待数以万计的游客！

攀登富士山具有很大难度。因为山高而陡峭，山上气候变化莫测，风和日丽、艳阳高照的天气可能瞬间就变得阴云密布。狂风大作。所以，登上富士山顶的人会被人们认为是英雄。

日本在富士山建立了火山监测站。因为日本是世界上地震、火山最频发的地方之一，所以建立监测站就变得尤为重要。也正是这样，富士山成为人尽皆知的地方。

日本有很多著名的商品都是以富士山来命名的，例如曾经风靡世界的富士胶卷等。由此可见日本人对于富士山有着深深的崇拜、喜爱之情。

也许正是因为这些，富士山不但成为闻名世界的旅游胜地，也成为日本的象征和骄傲！

互动问答
Mr. Know All

001.“液态区”在哪里？

A.地球的地壳之下 100~150 千米处。

B.地球的地壳之下 200~400 千米处。

C.地球的地壳之下 400~600 千米处。

002.火山的形成是因为岩浆喷出地表吗？

A.是的

B.不是的

003.下列哪一项不是火山喷发的要素？

A.岩浆

B.岩浆喷出地表

C.要有地震

004.火山喷发是地壳运动的表现形式吗？

A.不是

B.是

005.地表之下，越深的地方温度越低吗？

A.是

B.不是

006.地表之下 30 多千米处的温度能让岩石熔化吗？

A.能

B.不能

007.岩石熔化时，需要的空间会增大吗？

A.会

B.不会

008.大量的岩浆何时才喷出地表？

A.岩浆库里的压力小于地表岩石的压力时

B.岩浆库里的压力等于地表岩石的压力时

C.岩浆库里的压力大于地表岩石的压力时

009.火山按照活动情况分，不包括以下哪一项？

A.活火山

B.死火山

C.熔透式喷发火山

010.活火山、死火山和休眠火山三类是不可能相互转换的吗？

A.是

B.不是

011.火山喷发按照岩浆的通道分，不包括以下哪一项？

A.裂隙式喷发火山

B.休眠火山

C.中心式喷发火山

012.“地下火山”属于哪一类火山？

A.裂隙式喷发火山

B.熔透式喷发火山

C.中心式喷发火山

013.是不是只有活火山才会喷发？

A.是

B.不是

014.一些休眠火山，是活的但不是现在就要喷发，而是在将来可能再次喷发的火山，可以称为活火山吗？

A.是

B.不是

015.活火山正处于活动的旺盛时期吗？

A.是

B.不是

016.正在喷发和预计可能再次喷发的火山，也可以称为活火山吗？

A.可以

B.不可以

017.世界上最大的活火山是哪座？

A.云南腾冲火山

B.夏威夷海岛上的冒纳罗亚火山

C.海南琼北火山

018.冒纳罗亚火山海拔多少？

A.4205 米

B.3205 米

C.2205 米

019.冒纳罗亚火山处在热带雨林吗？

A.是

B.不是

020.冒纳罗亚火山大约多久喷发一次？

A.3~4 年

B.7~8 年

C.12~13 年

021.死火山永远不会喷发吗?

A.是

B.不是

022.史前曾经发生过喷发，但在人类历史时期没有发生过喷发活动的火山是死火山吗?

A.是

B.不是

023.非洲东部的乞力马扎罗山是什么类型的火山?

A.活火山

B.死火山

C.休眠火山

024.死火山都保持着原来的形态吗?

A.是

B.不是

025.世界上最高的死火山是哪座?

A.阿空加瓜山

B.乞力马扎罗山

C.富士山

026.“美洲巨人”指的是哪座火山?

A.富士山

B.阿空加瓜山

C.乞力马扎罗山

027.阿空加瓜山海拔多少?

A.6959 米

B.9959 米

C.3959 米

028.阿空加瓜山有现代冰川吗?

A.有

B.没有

029.中国的长白山天池属于哪一类火山?

A.活火山

B.死火山

C.休眠火山

030.地质学家把富士山列为哪一类火山的行列?

A.活火山

B.死火山

C.休眠火山

031.菲律宾皮纳图博火山用了多长时间重新喷发？

A.90 天
B.20 天
C.500 年

032.休眠火山一般情况下会留着比较完好的形态吗？

A.是
B.不是

033.世界上最年轻的火山是哪座？

A.帕里库廷火山
B.富士山
C.长白山

034.帕里库廷火山现在是座死火山吗？

A.是
B.不是

035.帕里库廷火山的喷发持续了多久？

A.9 个月
B.5 年
C.9 年

036.帕里库廷火山首次开始喷发是什么时候？

A.1953 年 2 月 20 日
B.1943 年 2 月 20 日
C.1933 年 2 月 20 日

037.火山最基本的喷发物有几种？

A.三种
B.五种
C.十种

038.火山气体、熔岩和固体的岩石碎屑这些物质在每一次火山喷发的时候全部都会出现吗？

A.一定会
B.不一定
C.一定不会

039.含有大量的气孔，放在水里能漂浮起来的喷出物是什么？

A.岩浆
B.火山弹
C.火山渣

040.岩浆喷到高空冷却凝固后，落地形成的球形或椭球形的物质是什么？

A.火山渣

B.火山弹

C.火山砾

041.岩浆是火成岩的前身吗？

A.是

B.不是

042.岩浆的温度一般是多少？

A.1000~1500 摄氏度

B.900~1600 摄氏度

C.900~1200 摄氏度

043.白色的岩浆温度大于等于多少的？

A.1750 摄氏度

B.1150 摄氏度

C.1050 摄氏度

044.隐约可见的红色岩浆温度大于等于多少？

A.475 摄氏度

B.675 摄氏度

C.875 摄氏度

045.玄武岩具有低放射性的优点吗？

A.有

B.没有

046.火山岩可不可以在一定程度上满足人们在建筑装修上的追求？

A.可以

B.不可以

047.下列哪一项不是火山岩与金属相比的优点？

A.寿命长

B.耐腐蚀

C.重量重

048.下列哪一项不是火山岩的优点？

A.调节空气湿度

B.吸水、防滑、阻热

C.改变空气密度

049.世界上已经发现多少死火山？

A.2000 座

B.3000 座

C.4000 座

050.世界上发现的海底火山有多少？

A.78 座

B.68 座

C.58 座

051.世界上最大的火山区是冰岛的蓝湖吗？

A.是

B.不是

052.火山基本上出现在哪里？

A.陆地上

B.海底

C.地壳中的断裂带

053.火山是地球上特有的吗？

A.是

B.不是

054.金星上有火山吗？

A.有

B.没有

055.火星上的火山多吗？

A.不多

B.多

056.月球上有火山吗？

A.有

B.没有

057.太阳系中火山活动最剧烈的星体是哪个？

A.木星的卫星木卫一艾奥

B.木星

C.火星

058.艾奥上火山的喷发物能喷射多高？

A.200 千米以上

B.300 千米以上

C.400 千米以上

059.艾奥上的火山所喷出的岩浆是目前已知最热的吗？

A.是的

B.不是的

060.艾奥上发生的有史以来最大的火山活动是什么时候？

A.1999 年 2 月

B.2000 年 2 月

C.2001 年 2 月

061.所有的火山一定都在火山带上吗？

A.是

B.不是

062.大洋中脊火山带所在之处属于什么地带？

A.板块构造边缘软弱带

B.海底新构造运动强烈带

C.地壳断裂带

063.下列哪个火山带不是位于地壳断裂带上？

A.东非大裂谷火山带

B.地中海－喜马拉雅火山带

C.环太平洋火山带

064.地球上所有的火山都分布在四大火山带上吗？

A.是

B.不是

065.“火环”是哪个火山带？

A.大洋中脊火山带

B.环太平洋火山带

C.地中海－喜马拉雅火山带

066.在全球呈“W”形分布的是哪个火山带？

A.大洋中脊火山带

B.地中海－喜马拉雅火山带

C.环太平洋火山带

067.大洋中脊的火山以海底火山为主吗？

A.是

B.不是

068.东非大裂谷火山带是由哪个板块的地壳运动形成的？

A.亚欧板块

B.美洲板块

C.非洲板块

069.环太平洋火山带最南端是南美洲的奥斯特岛吗？

A.是

B.不是

070.世界上最高的活火山是哪座？

A.尤耶亚科火山

B.喀拉喀托火山

C.培雷火山

071.三原山是在哪个岛上？

A.台湾岛

B.琉球群岛

C.日本列岛

072.火山活动最活跃的是哪里的火山？

A.日本列岛上的火山

B.菲律宾至印度尼西亚群岛的火山

C.琉球群岛至中国台湾岛的火山

073.大洋中脊火山带的最北端是哪里？

A.格陵兰岛

B.冰岛

C.亚速尔群岛

074.从1104年开始共有过20多次大喷发的火山是哪座？

A.拉基火山

B.海克拉火山

C.错误苏特塞火山岛

075.苏特塞火山岛是何时形成的？

A.1968年

B.1965年

C.1963年

076.苏特塞火山岛高出海面约多少米？

A.190米

B.170米

C.150米

077.东非大裂谷分为几支？

A.1支

B.2支

C.3支

078.东非大裂谷火山带共有多少活火山？

A.20余座

B.30余座

C.50余座

079.乞力马扎罗山是哪个火山带的？

A.东非大裂谷

B.环太平洋

C.中洋脊

080.地中海－喜马拉雅火山带西段火山分布均匀吗？

A.均匀

B.不均匀

081.意大利的维苏威火山、埃特纳火山和斯特朗博利火山分布在地中海－喜马拉雅火带的哪一段？

A.西段

B.东段

C.中段

082.地中海－喜马拉雅火山带中段火山有什么特点？

A.活动微弱

B.活动剧烈而频繁

C.没有活动

083.可可西里火山位于地中海－喜马拉雅火山带的哪一段？

A.西段

B.中段

C.东段喜马拉雅山北麓

084.海底火山有没有活火山和死火山之分？

A.有

B.没有

085.绝大部分海底火山位于哪里？

A.板块交界处

B.大洋中脊与大洋边缘的岛弧处

C.大洋里

086.什么情况会导致海底火山有壮观的爆炸？

A.水较深、水压力不大

B.水较深、水压力较大

C.水较浅、水压力不大

087.海底火山喷发时的喷出物抛射到空中不会冷凝为什么物质？

A.火山锥

B.火山灰

C.火山碎屑

088.世界上最大的海底火山是哪座？

A.苏特西岛海底火山

B.卡维奥巴拉特海底火山

C.日本硫磺岛海底火山

089.卡维奥巴拉特海底火山的高度是多少？

A.5400 米

B.3500 米

090.卡维奥巴拉特海底火山周围的生物很多都是白色的吗？

A.是

B.不是

091.苏尔特塞岛在哪里？

A.北大西洋冰岛以南
B.太平洋附近
C.印度洋附近

092.苏尔特塞岛是何时形成的？

A.1963 年 12 月
B.1963 年 11 月
C.1963 年 10 月

093.导致苏尔特塞岛形成的海底火山何时停止喷发？

A.1968 年 5 月 5 日
B.1967 年 5 月 5 日
C.1966 年 5 月 5 日

094.1966~1967 年的那次火山喷发过程中，苏尔特塞岛快时每昼夜面积增加多少？

A.4000 平方米
B.8000 平方米
C.1700 平方米

095.中国新生代火山最多的地区是哪里？

A.东北地区
B.海南岛
C.南京附近

096.活动范围广、强度高、喷发次数多、分布密度大是哪个地区火山分布的特点？

A.内蒙古高原
B.东北地区
C.海南岛

097.腾冲火山群是以丰富的地热资源闻名于世的吗？

A.是
B.不是

098.藏北高原北部有强烈的地壳运动吗？

A.有
B.没有

099.下列哪一项不是火山的组成部分？

A.火山口
B.火山锥
C.火山渣

100.火山喷出物在喷出口周围堆积而形成的山丘是什么？

A.火山口
B.火山锥
C.岩浆通道

101.岩浆从岩浆库穿过地下岩层经火山口或溢出口流出地面的通道是什么？

A.岩浆通道

B.火山口

C.火山锥

102.“火山喉管”就是岩浆通道吗？

A.是

B.不是

103.位于地面的火山口叫作什么？

A.负火山口

B.正火山口

C.火山口

104.火山口的直径一般是多少？

A.2000 米以内

B.1000 米以内

C.500 米以内

105.火山口底部直径很长吗？

A.是的

B.不是

106.岩浆通道的形状与火山喷发的类型有关吗？

A.有关

B.无关

107.中心式喷发的管道通常是什么样的？

A.长条状

B.铅直，似圆筒状

C.不规则形

108.裂隙式喷发的管道通道是什么样的？

A.铅直，似圆筒状

B.长方体状

C.常呈长条状或不规则形

109.和中心式喷发的主管道相连的会有很多细小的分支吗？

A.会

B.不会

110.“最完美的圆锥体”是指哪座火山？

A.马荣火山

B.富士山

C.圣海伦斯火山

111.马荣火山为什么会有完美对称的圆锥体？

A.这是火山灰喷发的结果

B.这是火山灰和熔岩多次喷发并累积的结果

C.这是熔岩多次喷发的结果

112.马荣火山的第一次喷发是什么时候？

A.1619 年

B.1618 年

C.1616 年

113.马荣火山最具毁灭性的一次爆发是什么时候？

A.1810 年

B.1812 年

C.1814 年

114.附着在大火山锥上的小火山锥是什么？

A.寄生火山锥

B.复合火山锥

C.火山锥

115.寄生火山锥又叫作“侧火山锥”吗？

A.是

B.不是

116.下列哪项不属于寄生火山锥？

A.熔岩寄生锥

B.碎屑寄生锥

C.复合寄生锥

117.寄生火山锥的物质成分与母火山锥类似吗？

A.类似

B.不类似

118.火山颈是个孤立的、塔状、近于环形的小丘或山脉吗？

A.是

B.不是

119.火山颈由什么组成？

A.活火山管道中非常坚固的岩石

B.死火山管道中非常坚固的岩石

C.喷出的岩浆

120.火山颈的直径有多大？

A.大于 1 千米

B.1 千米

C.小于 1 千米

121.新墨西哥舰崖约有多高？

A.650 米

B.550 米

C.450 米

122.层状火山拥有对称的锥形吗？

A.是

B.不是

123.高流动性的岩浆从一大群裂缝中渗透而出时形成了什么？

A.熔岩平原

B.破火山口

C.熔岩台地

124.如果火山喷发的区域整体地势上很平坦，那么，这片区域叫作什么？

A.熔岩平原

B.破火山口

C.熔岩台地

125.熔岩平原的成因与熔岩台地相似吗？

A.相似

B.不相似

126.复合型火山又叫作什么？

A.层状火山

B.盾状火山

C.火山穹丘

127.复合型火山是多次喷发造成的吗？

A.是

B.不是

128.复合型火山的岩石类型最普遍的是什么？

A.花岗岩

B.玄武岩

C.安山岩

129.地球上最高的火山是复合型火山吗？

A.不是

B.是

130.盾状火山是由玄武岩岩浆构成的吗？

A.是的

B.不是的

131.盾状火山大部分发生在哪里？

A.陆地上

B.海洋中

C.森林中

132.下列哪一项是最著名的盾状火山？

A.马荣火山

B.基拉维厄火山

C.夏威夷群岛

133.奥林帕斯山是太阳系中已知的最高的盾状火山吗？

A.是

B.不是

134.为什么火山穹丘的形态不一样？

A.因为岩浆类型不同

B.因为熔岩性质的不同

C.因为岩石类型不同

135.火山穹丘的出现是火山活动进入晚期阶段的标志吗？

A.是

B.不是

136.如果玄武岩浆的温度和含气量符合条件的话，那么它可以形成火山穹丘吗？

A.可以

B.不可以

137.火山渣锥的顶部一般是什么样的？

A.有个漏斗状的火山口

B.平坦的

C.崎岖不平的

138.火山渣锥一般出现在破火山口的两翼吗？

A.是

B.不是

139.尼加拉瓜的塞罗内格罗活跃吗？

A.很活跃

B.不活跃

140.塞罗内格罗首次喷发是在什么时候？

A.1750 年

B.1850 年

C.1950 年

141.破火山口的直径通常是多少？

A.大于 1.6 千米
B.大于 1 千米
C.大于 2.6 千米

142.什么是复合式破火山口？

A.由沉降后喷发所产生的破火山口
B.由喷发后沉降所产生的破火山口
C.同时喷发和沉降所产生的破火山口

143.世界上最大的破火山口是哪个？

A.长白山破火山口
B.始良破火山口
C.阿苏火山破火山口

144.亚洲的破火山口大多在哪里？

A.日本
B.印度尼西亚
C.中国

145.低平火山口会积水吗？

A.会的
B.不会的

146.中国唯一在火山口形成的玛珥湖是哪个？

A.双池岭
B.湖光岩
C.洞庭湖

147.湖光岩可以追溯到什么时候？

A.15 万年前
B.50 万年前
C.50 年前

148.泥火山的喷出物是什么？

A.泥浆
B.岩浆
C.泥浆和气体

149.泥火山的外形是什么样的？

A.锥状或盆穴状的小丘
B.呈圆形的小丘
C.三角形的小丘

150.一般泥火山喷出的气体约有 20% 都是什么？

A.二氧化碳
B.甲烷
C.氧气

151.台湾嘉义中仑浊水潭的泥火山喷发的气体以什么为主？

A.甲烷
B.二氧化碳
C.氧气

152.火山渣一般是什么颜色？

A.红色或粉色
B.黑色或暗褐色
C.绿色或紫色

153.火山渣的气孔是什么形状的？

A.正圆形
B.方形
C.不规则状、圆形或者长圆形

154.火山渣一定是岩浆喷发时形成的吗？

A.一定
B.不一定

155.利用火山渣可以研究火山吗？

A.可以
B.不可以

156.火山口湖在哪里？

A.中国
B.意大利
C.美国

157.火山口湖面积多大？

A.54 平方千米
B.10 平方千米
C.200 平方千米

158.火山口湖周围的陡峭岩壁有多高？

A.150 米以下
B.150~600 米
C.600 米以上

159.火山口湖周围有树林吗？

A.有
B.没有

160.火山喷发前会有征兆吗？

A.会有
B.通常没有
C.没有出现过

161.火山喷发前会出现地光吗？

A.有可能

B.不可能

C.没有出现过

162.火山喷发前火山口冒出的是什么气体的味道？

A.硫黄和硫化氢

B.甲烷的味道

C.石灰的味道

163.火山喷发前周围的电磁波会有变化吗？

A.没变化

B.有一点变化

C.有异常的变化

164.岩浆在喷出地表之前分为几个阶段？

A.2 个

B.3 个

C.4 个

165.火山底下充满岩浆的区域是什么？

A.岩浆囊

B.岩浆泡

C.岩浆壳

166.岩浆囊中岩浆占总体积的多少？

A.5%

B.30%

C.5%~30%

167.岩浆的上升与岩浆囊的过剩压力有关吗？

A.有关

B.无关

168.下列哪种类型的喷发会形成“熔岩河”？

A.夏威夷式

B.伏尔坎宁式

C.普林尼式

169.炽热的熔岩“喷泉”是下列哪种喷发类型的特征？

A.夏威夷式

B.史冲包连式

C.伏尔坎宁式

170.下列哪种类型的火山喷发时会伴随着炽热的火山碎屑流？

A.伏尔坎宁式

B.史冲包连式

C.培雷式

171.目前已知的最猛烈的火山喷发类型是哪种？

A.培雷式
B.普林尼式
C.史冲包连式

172.火山形成需要有很多地热吗？

A.需要
B.不需要

173.火山形成需要有丰富的岩浆吗？

A.是
B.不是

174.岩浆囊对岩浆通道的形成有作用吗？

A.没作用
B.有一点作用
C.有相当重要的促进作用

175.岩浆离开岩浆囊后的上升需要什么力的驱动？

A.压力梯度
B.浮力
C.压力梯度与浮力的双重作用

176.火山喷发时有可能伴随发生闪电吗？

A.有可能
B.不可能

177.火山喷发时可能伴随发生地震吗？

A.不可能
B.可能

178.火山闪电大约持续多久？

A.数分钟
B.数秒钟
C.数毫秒

179.火山地震占地震总数的多少？

A.7%
B.17%
C.27%

180.小于鸡蛋的火山碎屑叫作什么？

A.火山块
B.火山砾
C.火山砂

181.火山毛是什么形状的?

A.扁平的
B.条带形
C.丝状的

182.火山碎屑对人们的危害大吗?

A.很大
B.不大
C.一点危害都没有

183.按照内部结构，火山碎屑可以分为哪几种?

A.乳石和火山渣
B.火山渣和泡沫
C.乳石、泡沫和火山渣

184.火山停止喷发后，是什么将地底下的残留的气体加热?

A.地下残留的余热
B.地面上的热量
C.地下水的热能

185.爆裂口是因为地底下积累的蒸汽压力不断增大造成的吗?

A.是
B.不是

186.台湾阳明山公园的小油坑是个爆裂口吗?

A.不是
B.是

187.爆裂口内会形成温泉吗?

A.会
B.不会

188.A型火山地震震源深度是多少?

A.小于 1 千米
B.1~10 千米
C.大于 10 千米

189.B型火山地震的震源深度是多少?

A.小于 1 千米
B.1~10 千米
C.大于 10 千米

190.火山附近强烈的地震可能引起火山喷发吗?

A.可能
B.不可能

191.华盛顿卡耐基的地球物理学家认为，强烈的地震能够搅动火山内的岩浆，迫使岩浆释放出下列哪种气体？

A.氧气

B.二氧化碳

C.氮气

192.海底火山喷发引起的海啸，水温会升得很高吗？

A.会升得很高

B.不会升很高

C.水温不变

193.有历史记录的第一个火山喷发引起的海啸是什么时候？

A.公元 1500 年

B.公元前 2500 年

C.公元前 1500 年

194.人类历史上最严重的一次火山喷发是哪次？

A.2012 年 4 月 12 日，埃特纳火山的喷发

B.1883 年 8 月，印度尼西亚火山岛喀拉喀托火山的喷发

C.1906 年 4 月 7 日，苏维埃火山的喷发

195.喀拉喀托火山引起的海啸波及到下列哪里？

A.非洲

B.冰岛

C.阿拉伯半岛

196.火山喷发释放出的大量盐素会使臭氧层遭到破坏吗？

A.会

B.不会

197.对于造成恐龙灭绝的原因，意大利物理学家安东尼奥·齐基基支持哪种学说？

A.物种争斗说

B.火山喷发说

C.地磁变化说

198.大量海底火山的喷发会影响海水出现什么情况？

A.被蒸发干

B.打破原有热平衡

C.提升海平面淹没陆地

199.火山泥石流会淹没整座城市吗？

A.会

B.不会

200.火山喷发的主要杀手之一是什么?

A.熔岩流
B.火山碎屑流
C.山体滑坡

201.液态流动的熔岩流温度是多少?

A.500 ~ 800 摄氏度
B.800 ~ 900 摄氏度
C.900 ~ 1200 摄氏度

202.火山喷发会导致山体滑坡吗?

A.会
B.不会

203.庞贝古城在哪里?

A.阿拉伯半岛
B.非洲
C.亚平宁半岛西南角

204.庞贝古城是什么时候毁灭的?

A.公元 79 年
B.公元前 6 世纪
C.公元 6 世纪

205.庞贝古城的毁灭是因为哪座火山的喷发?

A.富士山
B.维苏威火山
C.长白山

206.庞贝古城距离维苏威火山多远?

A.约 1 千米
B.约 10 千米
C.约 100 千米

207.阿尔梅罗城的人们死亡最严重的一次是什么时候?

A.1985 年 11 月 13 日
B.1995 年 11 月 13 日
C.2005 年 11 月 13 日

208.1985 年阿尔梅罗城大批人死亡是因为哪座火山?

A.长白山
B.鲁伊斯火山
C.维苏威火山

209.火山泥流的两个必要条件是什么?

A.岩石和水
B.碎屑和水
C.碎屑和泥巴

210.原始地球上的火山喷发产生了什么？

A.大气
B.原始大气
C.什么都没产生

211.原始生命是在哪里形成的？

A.原始大气中
B.原始陆地上
C.原始海洋中

212.有些人认为，这个世界上的鸟语花香、春色满园都要归功于什么？

A.宇宙大爆炸
B.化学反应
C.火山喷发

213.生命起源于火山喷发已成为定论了吗？

A.是
B.不是

214.火山附近为什么会有温泉或者热泉？

A.岩浆散发出的热度使地下水变热
B.火山附近的水源本来就是热的
C.是附近人们加热的

215.火山可以为我们制造新的陆地吗？

A.可以
B.不可以

216.冰岛是因为火山喷发形成的吗？

A.不是
B.是

217.火山喷发是地球天然的一种气候自我调整机制吗？

A.不是
B.是

218.火山有旅游价值吗？

A.有
B.没有

219.有火山的地方一般都有地热资源吗？

A.是
B.不是

220.中国最大的地热试验基地在哪？

A.新疆
B.内蒙古
C.西藏

221.玄武岩熔炼而成的铸石可以做保温材料吗？

A.可以
B.不可以

222.基拉韦厄火山口底部有岩浆湖吗？

A.有
B.没有

223.恩戈罗火山口像什么？

A.幼儿园
B.一口宽阔的大井
C.植物园

224.镜泊湖火山口原始森林的海拔多高？

A.600 米左右
B.1000 米左右
C.260 米左右

225.阿留申群岛是火山岛吗？

A.是
B.不是

226.火山岛是由海底火山的喷发物堆积而形成的吗？

A.是
B.不是

227.哪里的火山岛分布得多？

A.南美洲地区
B.环太平洋地区
C.非洲地区

228.中国的火山岛多不多？

A.很多
B.不多
C.没有

229.火山温泉是地下岩浆对地下水起了加热的作用吗？

A.是
B.不是

230.岩浆中分离出来的火山水如果加入地下水，温度能否升高？

A.能
B.不能

231.火山温泉中有没有矿物质？

A.几乎没有

B.只有一点点

C.有丰富的矿物质

232.台湾的大屯火山群一带有火山温泉吗？

A.没有

B.有

233.平流层中有净化空气的过程吗？

A.有

B.没有

234.火山喷发对气温有什么影响？

A.使平均温度升高

B.使平均温度降低

C.没有影响

235.火山喷发对降水有什么影响？

A.使降水增加

B.使降水减少

C.使降水异常

236.在火山喷发之后，有必要及时地了解它带来的关于气候的影响吗？

A.有必要

B.没必要

237.地下森林就是“火山口原始森林”吗？

A.是

B.不是

238.地下森林有植物资源吗？

A.有

B.没有

239.地下森林里有没有动物？

A.没有

B.有

240.地下森林中有国家级保护动物吗？

A.没有

B.有

241.“地下的天然锅炉”指的是什么？

A.间歇泉
B.岩浆
C.火山湖

242.间歇泉是热水泉吗？

A.是
B.不是

243.间歇泉喷水大概持续多久？

A.几秒钟到几十秒钟
B.几分钟到几十分钟
C.几小时

244.黄石公园里的老实泉有什么样的喷发特点？

A.准时且有规律
B.不定时缓慢喷发
C.持续不断地剧烈喷发

245.火山灰可以用作隔热层吗？

A.可以
B.不可以

246.火山灰可以用作干燥剂吗？

A.不可以
B.可以

247.火山灰在研磨业上有贡献吗？

A.有
B.没有

248.火山灰可以应用于天花板的隔音材料吗？

A.不可以
B.可以

249.火山喷发的过程中会形成钻石吗？

A.会
B.不会

250.钻石是在什么样的环境下形成的？

A.高温
B.高压
C.高温高压

251.钻石形成之后，会进入火山通道吗？

A.会
B.不会

252.基拉韦厄火山在哪里？

A.夏威夷岛东南部

B.北冰洋

C.非洲

253.冒纳罗亚火山是世界最大的孤立山体之一吗？

A.不是

B.是

254.欧洲最高的活火山是哪座？

A.冒纳罗亚火山

B.拉基火山

C.埃特纳火山

255.桑盖火山海拔多少？

A.2700 米

B.5410 米

C.4000 米

256.富士山位于哪个国家？

A.中国

B.日本

C.美国

257.富士山是什么样的火山呢？

A.锥状活火山

B.锥状死火山

C.单一型死火山

258.富士山上大概有多少种植物？

A.6000 多

B.4000 多

C.2000 多

259.富士山全年都开放吗？

A.全年开放

B.夏季规定的一段时间

C.除冬季外都开放

260.“非洲屋脊”指的是哪座火山？

A.乞力马扎罗山

B.富士山

C.马荣火山

261.乞力马扎罗山最近一次喷发是什么时候？

A.约 60 万 ~ 70 万年前

B.约 30 万 ~ 40 万年前

C.约 15 万 ~ 20 万年前

262.乞力马扎罗山有多高？

A.2000 米
B.5895 米
C.5000 米

263.咖啡、香蕉等经济作物主要生长在乞力马扎罗山的哪个部分？

A.2000 ~ 5000 米的山腰部分
B.2000 米以下的山腰部分
C.山脚处

264.“美国富士山”指的是哪座火山？

A.富士山
B.拉基火山
C.圣海伦火山

265.圣海伦火山因什么而闻名？

A.造成大量的火山灰喷发
B.造成大量的火山碎屑流
C.造成大量的火山灰和火山碎屑流

266.圣海伦火山最著名的一次喷发是什么时候？

A.1970 年 5 月 18 日清晨
B.1980 年 5 月 18 日清晨
C.1990 年 5 月 18 日清晨

267.圣海伦火山于 1980 年的喷发使其海拔减少了多少？

A.400 米
B.125 米
C.2550 米

268.美国最高的火山是哪座？

A.马荣火山
B.雷尼尔火山
C.斯德朗博利火山

269.雷尼尔火山海拔多少？

A.4000 多米
B.5000 多米
C.6000 多米

270.雷尼尔火山喷发很有可能引发什么现象？

A.火山泥流
B.喷出大量钻石
C.被迅速冰封起来

271.雷尼尔火山容易发生火山泥流吗？

A.不容易
B.容易

272.“地中海的灯塔”指的是哪座火山？

A.斯德朗博利火山

B.埃特纳火山

C.马荣火山

273.斯德朗博利火山海拔多少？

A.1600 米

B.926 米

C.450 米

274.斯德朗博利火山多久喷发一次？

A.两三个小时

B.两三天

C.两三分钟

275.斯德朗博利火山周围地震频繁吗？

A.不频繁

B.频繁

276.世界上最矮的活火山是哪座？

A.塔尔火山

B.雷尼尔火山

C.马荣火山

277.塔尔火山相对高度多少米？

A.20 米

B.200 米

C.2000 米

278.塔尔火山的子火山是哪座火山？

A.雷尼尔火山

B.马荣火山

C.武耳卡诺火山

279.武耳卡诺是何时诞生的？

A.1921 年

B.1911 年

C.1901 年

280.培雷火山在哪里？

A.马提尼克岛

B.加勒比海西部

C.太平洋

281.培雷火山有多高？

A.1350 米

B.1902 米

C.6000 米

282.1902年培雷火山喷发后，圣皮埃尔有几人幸存？

A.6000

B.1350

C.2

283.埃特纳火山在哪里？

A.意大利

B.英国

C.法国

284.埃特纳火山海拔多少？

A.3200米以上

B.900米

C.5200米

285.意大利的火山监测研究水平如何？

A.不好

B.一般

C.处于世界前列

286.埃特纳火山喷出的火山灰有什么作用？

A.没什么作用

B.使土壤肥沃

C.使天气变暖

287.基拉韦厄火山相当于多少个埃菲尔铁塔高？

A.1个

B.2个

C.4个

288.基拉韦厄火山全部都处在海平面以上吗？

A.是

B.不是

289.基拉韦厄火山山顶上是什么样的？

A.有一个巨大的破火山口

B.被冰雪封盖

C.有一个巨大的淡水湖泊

290.“哈里摩摩”是什么意思？

A.永恒冰水之家

B.永恒火焰之家

C.没什么意思

291.冰岛火山指的是哪座火山？

A.艾雅法拉火山

B.雷尼尔火山

C.富士山

292.艾雅法拉火山喷发时，最大的威胁是什么？

A.洪水

B.地震

C.火山灰

293.艾雅法拉火山喷发时，火山灰的影响范围有多大？

A.只影响到冰岛

B.影响到整个欧洲大陆

C.影响整个地球

294.圣玛利亚火山上有森林吗？

A.有

B.没有

295.历史上有记录的圣玛利亚火山第一次喷发是在什么时候？

A.1901 年 4 月 8 日

B.1902 年 4 月 8 日

C.1903 年 4 月 8 日

296.二十世纪圣玛利亚火山第一次喷发时爆发指数是多少？

A.4 级

B.5 级

C.6 级

297.圣玛利亚火山还会引起山崩吗？

A.会

B.不会

298.尼拉贡戈火山在哪里？

A.非洲中东部

B.美洲西部

C.亚洲中部

299.1977 年尼拉贡戈火山的喷发半小时内就造成多少人死亡？

A.10 万人

B.50 多人

C.2000 多人

300.戈马市会成为第二个“庞贝古城”吗？

A.一定会

B.很有可能

C.不可能

301.在过去的 150 年间，尼拉贡戈火山已经喷发了多少次？

A.20 多次

B.50 多次

C.70 多次

302.樱岛火山在哪里？

A.日本
B.中国
C.菲律宾

303.樱岛火山是座活火山吗？

A.是
B.不是

304.樱岛火山最近一次喷发是什么时候？

A.2008 年
B.2009 年
C.2013 年

305.樱岛火山周围还有居民吗？

A.没有
B.有

306.喀拉喀托火山在哪里？

A.菲律宾
B.印度尼西亚巽他海峡中
C.中国

307.喀拉喀托火山最猛烈的一次喷发是什么时候？

A.1883 年
B.1893 年
C.1983 年

308.喀拉喀托火山 1883 年的喷发总共历时多少天？

A.66 天
B.88 天
C.99 天

309.喀拉喀托火山周围还有居民吗？

A.有很多
B.几乎没有

310.“中美洲的花园”指的是哪里？

A.哥斯达黎加
B.中国
C.阿拉伯

311.哥斯达黎加最著名的火山是哪座？

A.阿雷纳火山
B.圣安娜火山
C.樱岛火山

312.近些年来，阿雷纳火山喷发规模大吗？

A.很大
B.比较大
C.规模较小

313.阿雷纳火山最大的一次喷发是什么时候？

A.1633 年
B.1968 年
C.1958 年

314.欧亚大陆最高的活火山是哪座？

A.克柳切夫火山
B.樱岛火山
C.乞力马扎罗火山

315.克柳切夫火山在哪里？

A.日本
B.俄罗斯堪察加半岛
C.朝鲜

316.克柳切夫火山何时形成？

A.7000 年前
B.4750 年前
C.700 年前

317.克柳切夫火山大概多少年喷发一次？

A.80 年
B.10 年
C.60 年

318.镜泊湖火山活动发生在多少年前？

A.1000 ~ 2000 年
B.2000 ~ 3000 年
C.200 ~ 300 年

319.“天然地质博物馆”指的是哪座火山？

A.阿什库勒火山
B.腾冲火山群
C.琼北火山

320.阿什库勒火山是活火山吗？

A.是
B.不是

321.海南岛北部地区可辨认的火山口有多少？

A.199 座
B.300 座
C.177 座

322.下列哪一项是阿什库勒火山群中海拔最高的一座？

A.乌鲁克山

B.迷宫山

C.阿什山

323.阿什库勒火山群几乎都是中心式喷发吗？

A.是

B.不是

324.阿什库勒火山是欧亚大陆最高的活火山吗？

A.不是

B.是

325.火山公园是以观赏火山喷发奇景为主题的特殊游览区吗？

A.是

B.不是

326.夏威夷火山国家公园面积多大？

A.89 平方千米

B.890 平方千米

C.790 平方千米

327.夏威夷火山国家公园最著名的两座火山是什么？

A.冒纳罗亚火山和马荣火山

B.基拉韦厄火山和富士山

C.冒纳罗亚火山和基拉韦厄火山

328.夏威夷火山国家公园在地壳活动带上吗？

A.不在

B.在

329.超级火山能在瞬间改变地形以及全球天气吗？

A.可以

B.不可以

330.超级火山的岩浆是从巨大的峡谷中喷发出来的吗？

A.不是

B.是

331.多巴湖是怎样形成的？

A.超级火山喷发后形成的

B.火山喷发形成的

C.自然形成

332.超级火山喷发的火山物质要达到多少？

A.100 立方千米以上

B.1000 立方千米以上

C.10000 立方千米以上

333.多巴火山在哪里？

A.美国黄石公园正下方

B.印度尼西亚苏门答腊岛

C.香港粮船湾

334.陶波火山是链条状的火山带吗？

A.是

B.不是

335.粮船湾火山是什么性质的火山？

A.活火山

B.死火山

C.休眠火山

336.目前已知最大的超级火山喷发是哪个？

A.拉加里塔火山

B.多巴火山

C.黄石火山

337.目前唯一位于大陆上的超级活火山是什么？

A.黄石火山

B.拉加里塔火山

C.多巴火山

338.黄石火山已经有几次喷发历史？

A.1 次

B.2 次

C.3 次

339.黄石火山最后一次喷发是什么时候？

A.1650 万年前

B.63 万年前

C.53 年前

340.如果黄石火山喷发，会使全球温度降低吗？

A.会

B.不会

341.多巴火山喷发过几次？

A.2 次

B.3 次

C.4 次

342.多巴火山第一次喷发是在什么时候？

A.120 万年前

B.84 万年前

C.50.1 万年前

343.多巴火山哪一次喷发最为猛烈？

A.第一次

B.第三次

C.第四次

344.多巴火山的最后一次大喷发影响到地球上物种的生存了吗？

A.影响很大

B.完全没影响

C.影响非常小

345.火山附近的农业发展所凭借的物质条件是下列哪一项？

A.太阳光照强烈

B.充足的水分

C.大量火山灰

346.为什么冰岛可以生产热带水果香蕉？

A.这全依靠火山底下的热源

B.因为冰岛很暖和

C.因为香蕉就是生长在寒冷的地方

347.火山周围可以发展旅游业吗？

A.当然可以

B.当然不可以

C.尚无先例

348.下列哪一项不是因为火山底下的热源出现的？

A.热能发电站

B.温泉

C.火山灰

349.我们可以通过什么方式来监测火山？

A.通过灵敏地震仪

B.肉眼对火山的观察

C.天气预报

350.对火山监测可以掌握火山的各种动向吗？

A.不可以

B.可以

351.对火山监测能为预测、预报和防御火山灾害服务吗？

A.不能

B.能

352.火山监测机制的前景怎样？

A.没有发展前途

B.不会进步

C.会逐渐进步

353.人类可以控制火山的喷发吗？

A.不可以

B.完全可以

C.有时可以

354.面对火山喷发时，我们应该想到什么？

A.怎样控制它

B.怎样逃离

C.怎样赶走它

355.火山喷发是因为什么？

A.人为造成的

B.地壳运动的结果

C.“火神”发怒造成的

356.怎么样避免喷出物带来的危害？

A.戴上坚硬的头盔

B.戴上太阳镜

C.躲在大树下

357.对于火山喷发，下列哪一项做法不正确？

A.逃离时戴上太阳镜

B.逃离时戴上滑雪镜

C.用湿布捂住口鼻

358.下列哪一项不是避免气体球状物危害的措施？

A.躲在坚实的建筑物中

B.躲在水里半分钟左右

C.躲在大树下

359.火山灰会使路面变滑吗？

A.不会

B.会

360.火山喷发会产生硫酸雾吗？

A.会

B.不会

361.超级火山的喷发会毁灭人类吗？

A.一定会

B.有可能

C.完全不可能

362.拉帕尔玛岛西部地区极有可能陷入哪个大洋?

A.北冰洋
B.大西洋
C.印度洋

363.拉帕尔玛岛火山的喷发会引起海啸以多大的速度穿越大西洋?

A.每小时 805 米
B.每小时 405 千米
C.每小时 805 千米

364.火山学是何时出现的?

A.19 世纪初期
B.20 世纪初期
C.21 世纪初期

365.火山学是一门正在发展的新兴学科吗?

A.不是
B.是

366.研究火山是为了确定火山喷发的性质和原因，进一步预报火山的喷发吗?

A.不是
B.是

367.研究火山有助于寻找有价值的矿床吗?

A.是
B.不是

368.火山学家的工作危险吗?

A.完全没有危险
B.十分危险
C.有一点危险

369.火山学家的主要研究内容是什么?

A.世界各地的火山
B.世界各地的山
C.世界各地

370.我们对火山的了解越来越多，对它的监测也越来越严密，受到的伤害也越来越少，这都要归功于哪些人?

A.人类学家们
B.气候学家们
C.火山学家们

371.火山学家们通常怎么样开展工作？

A.通过网络收集各种数据

B.只需要近距离看守火山

C.实地考察，需要收集各种数据，需要近距离地观察火山

372.富士山的外观是什么形状的？

A.圆锥形

B.圆形

C.方形

373.富士山的南麓是什么？

A.富士五湖

B.高原

C.平原

374.日本富士山上有火山监测站吗？

A.没有

B.有

375.日本是不是有很多著名的商品都是以富士山来命名的？

A.是

B.不是

Mr. Know All
互动问答**答案**

001	002	003	004	005	006	007	008	009	010	011	012	013	014	015	016
A	A	C	B	B	A	A	C	C	B	B	B	A	A	A	A
017	018	019	020	021	022	023	024	025	026	027	028	029	030	031	032
B	A	A	A	B	A	B	B	A	B	A	A	C	A	B	A
033	034	035	036	037	038	039	040	041	042	043	044	045	046	047	048
A	A	C	B	A	B	C	B	A	C	B	A	A	A	C	C
049	050	051	052	053	054	055	056	057	058	059	060	061	062	063	064
A	B	A	C	B	A	B	B	A	B	A	C	B	B	C	A
065	066	067	068	069	070	071	072	073	074	075	076	077	078	079	080
B	A	A	C	A	A	C	B	A	B	C	C	B	B	A	B
081	082	083	084	085	086	087	088	089	090	091	092	093	094	095	096
A	A	C	A	B	C	A	B	B	A	A	B	B	A	A	B
097	098	099	100	101	102	103	104	105	106	107	108	109	110	111	112
A	A	C	B	A	A	A	B	B	A	B	C	A	A	B	C
113	114	115	116	117	118	119	120	121	122	123	124	125	126	127	128
C	A	A	C	A	A	B	C	C	A	C	A	A	A	A	C
129	130	131	132	133	134	135	136	137	138	139	140	141	142	143	144
B	A	B	C	A	B	A	A	A	A	A	B	A	B	C	A
145	146	147	148	149	150	151	152	153	154	155	156	157	158	159	160
A	B	A	C	A	B	B	B	C	B	A	C	A	B	A	A
161	162	163	164	165	166	167	168	169	170	171	172	173	174	175	176
A	A	C	B	A	C	A	A	B	C	B	A	A	C	C	A
177	178	179	180	181	182	183	184	185	186	187	188	189	190	191	192
B	C	A	B	C	A	C	A	A	B	A	B	A	A	B	B
193	194	195	196	197	198	199	200	201	202	203	204	205	206	207	208
C	B	C	A	B	B	A	B	C	A	C	A	B	B	A	B
209	210	211	212	213	214	215	216	217	218	219	220	221	222	223	224
B	B	C	C	B	A	A	B	B	A	A	C	A	A	B	B
225	226	227	228	229	230	231	232	233	234	235	236	237	238	239	240
A	A	B	B	A	A	C	B	B	B	C	A	A	A	B	B
241	242	243	244	245	246	247	248	249	250	251	252	253	254	255	256
A	A	B	A	A	B	A	B	B	C	A	A	B	C	B	B
257	258	259	260	261	262	263	264	265	266	267	268	269	270	271	272
A	C	B	A	C	B	B	C	C	B	A	B	A	A	B	A
273	274	275	276	277	278	279	280	281	282	283	284	285	286	287	288
B	C	B	A	B	C	B	A	A	C	A	A	C	B	C	B
289	290	291	292	293	294	295	296	297	298	299	300	301	302	303	304
A	B	A	C	B	A	B	C	A	A	C	B	B	A	A	C
305	306	307	308	309	310	311	312	313	314	315	316	317	318	319	320
B	B	A	C	B	A	A	C	B	A	B	A	B	B	B	A
321	322	323	324	325	326	327	328	329	330	331	332	333	334	335	336
C	C	A	A	A	B	C	B	A	B	A	B	B	A	B	A
337	338	339	340	341	342	343	344	345	346	347	348	349	350	351	352
A	C	B	A	C	A	C	A	C	A	A	C	A	B	B	C
353	354	355	356	357	358	359	360	361	362	363	364	365	366	367	368
A	B	B	A	A	C	B	A	B	B	C	A	B	B	A	B
369	370	371	372	373	374	375									
A	C	C	A	B	B	A									

火山是地壳下 100 ～ 150 千米处的岩浆遇到高温高压后，从地壳薄弱的部分冲出地表后所形成的。

活火山是仍在活跃的火山，是正在喷发或者周期性喷发的火山。

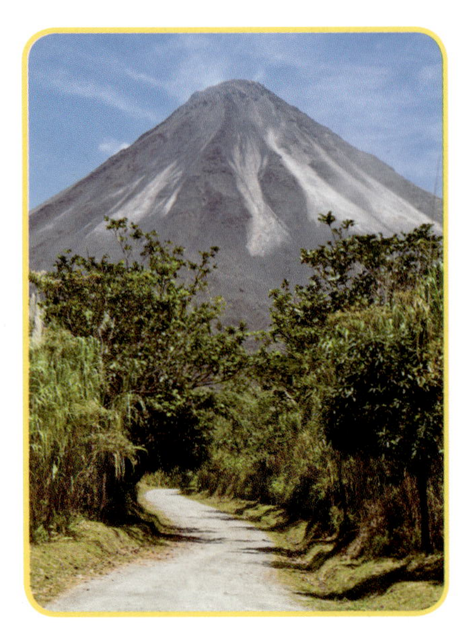

死火山是指在人类历史上从来没有喷发过的火山。

火山喷出物是指火山喷发时从地底下喷发出来的物质，包括火山气体、固体的岩石碎屑和熔岩。

火山口位于火山锥顶端，上大下小，呈漏斗状。

火山碎屑包括火山通道内壁的岩石碎屑和喷出的岩浆冷凝碎屑。

庞贝在 1900 多年前是世界上最美丽富饶的城市之一。然而，维苏威火山的喷发结束了庞贝一世的繁华。

火山岛是由海底火山的喷发物堆积而成的。

Mr. Know All

从这里，发现更宽广的世界……

Mr. Know All

小书虫读科学